SUNRISE 河南徐辉建筑工程设计事务所 作品集 Work Collection
HENAN SUNRISE ARCHITECTURAL DESIGN INSTITUTE

中国建筑工业出版社

序
Preface

　　建筑是一个地区的产物,世界上没有抽象的建筑,只有具体的地区的建筑,它总是扎根于具体的环境之中,受到所在地区的地理气候的影响,这就是建筑的地域性。它还表现在地区的人文、地理环境之中,这是一个地区一个民族人们长期生活决定了历史文化传统。而建筑作为一个文化形态,它既是人类文化大体系的一个组成部分,又与经济、社会、科学技术、政治思想息息相关,各种观念无时不在制约着建筑文化的表达和发展。一座优秀的建筑,其精神内涵所起的作用常常超越功能本身。当然,建筑亦是一个时代的写照,是社会经济文化的综合反映。现代建筑的创作应该适应当今时代的特点和要求,建筑要用自己特殊的语言,来表达所处时代的实质,表达这个时代的科技观念,揭示思想和审美观。时代精神决定了建筑的主流方向,把握时代脉搏,融合优秀地域文化的精华,建筑才会创新和向前发展。

　　河南作为中华文明最重要的发源地,史篇浩繁,文化绵厚,其建筑文化底蕴深厚。在建筑创作上,如何在体现建筑的时代性,保持建筑的地域性和文化性,正确理解和把握三者之间的关系,是每一位建筑师需要思考的问题。徐辉建筑工程事务所坚持的"追求建筑生命真谛,提升人类生活品质"、"设计天下,建筑人生"的事务所设计与经营理念,立足中原,勤勉坚韧,十数年如一日,潜心创作,在中原地区创作了许多优秀的建筑作品。本书作品涉及规划、建筑、景观,建筑类型包括居住建筑,以及商业、办公、展览等公共建筑,尤其是居住建筑的设计实践。徐辉和他的同事们表现出扎实的专业基础、全面的技术素养、丰富的设计经验和成熟的设计风格。

　　愿徐辉建筑工程设计事务所根植中原沃土,坚持创新,创作出更多更好的关注社会、关注环境整体利益的建筑设计作品。

何镜堂
中国工程院院士
华南理工大学建筑学院院长
华南理工大学建筑设计研究院院长
教授
博士生导师

目录
Contents

规划篇

滏阳河景观规划	008 ~ 013
郑州华信学院	014 ~ 019
佛岗城中村改造概念规划	020 ~ 025
李江沟城中村改造概念规划	026 ~ 029
橡树玫瑰城	030 ~ 033

住区篇

逸品香山二期	036 ~ 039
九郡·弘	040 ~ 047
龙湖花园	048 ~ 053
伟业·世纪新城	054 ~ 059
正商·金色港湾	060 ~ 067
国际印象街区规划	068 ~ 071
鑫苑·国际城市花园	072 ~ 081
鑫苑·望江花园	082 ~ 085
亚新·美好时光	086 ~ 091
旧城区改建	092 ~ 097
阳光·公园道	098 ~ 101
汇港新城	102 ~ 105
天明·雅园	106 ~ 109
阳光·海之梦	110 ~ 117
昆仑·华府	118 ~ 121
阳光岛	122 ~ 123
住宅竞赛	124 ~ 131

公建篇

134 ~ 151	红旗渠博物馆
152 ~ 153	商城遗址博物馆
154 ~ 157	SUNRISE文化交流中心
158 ~ 159	长安俱乐部
160 ~ 169	中国移动河南公司郑州分公司通信枢纽楼
170 ~ 171	天明·国际广场
172 ~ 173	阳光岛五星酒店
174 ~ 179	天明·企业孵化中心
180 ~ 183	天明·企业孵化园
184 ~ 191	金地·国际第一城
192 ~ 193	花园商厦
194 ~ 199	鑫苑·金融大厦
200 ~ 207	鑫苑·金融广场
208 ~ 209	信阳电力集团综合楼
210 ~ 213	国信·BLACK公寓
214 ~ 215	应天写字楼
216 ~ 221	天明·森林国际公寓A、B区
222 ~ 223	未来国际
224 ~ 227	师专学术交流中心
228 ~ 231	鹤壁市艺术中心
232 ~ 243	贝鲁特文化艺术中心

景观篇

246 ~ 251	居易·领山国际
252 ~ 257	阳光·雁鸣湖三号庄园
258 ~ 263	天明·雁栖湖畔

264	附录

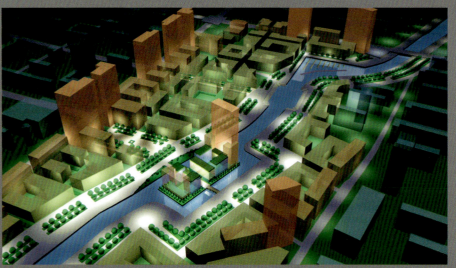

规划篇
URBAN PLANNING

设计时间: 2004
项目地点: 中国·邯郸

邯郸城市概况及现状:

邯郸位于河北省最南端,市区现建成面积约为90hm²,城区人口约为85万。邯郸是历史文化名城,具有近三千年悠久历史,战国时期是赵国的都城。秦统一后,邯郸是全国三十六郡之一的邯郸郡首府。汉代与洛阳、临淄、成都、宛城齐名,同为五大都会。

邯郸在半个多世纪的建设中发生了翻天覆地的变化,成为冀南地区的中心城市。第一产业的定向发展,使城市具备了相当的规模和实力;大批城市基础设施相继建成,人民生活得到了极大的改善。但是,与目前中国许多城市一样,快速的城市发展也给这座历史文化名城带来了不少问题。

一、从城市设计的角度看,目前邯郸市第三产业水平不足,难于发挥地区中心城市的凝聚作用,不具备地区中心城市的特色与形象;

二、城区中心地带缺乏足以代表城市自身特色的建筑及景观环境,与历史文化名城地位不相匹配;

三、城市结构和景观环境主要以点线布局为主,缺少具有一定规模的面状布局;

四、建筑及景观设计手法单一并缺少层次感;

五、传统城市中以人为本的邻里空间正在被以机动车为尺度的小区空间完全取代,城市缺乏生趣;

六、城市设计及景观设计缺少可持续发展及公众参与的特质;

七、公众可用绿地和社区广场不足并且不够分散。

1 / 节点模块
2 / 节点模块夜景
3 / 现状照片

规划设计理念:

基于对现存问题的研究,滏阳河滨水地带概念规划设计应该建立在以下理念之上:

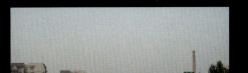

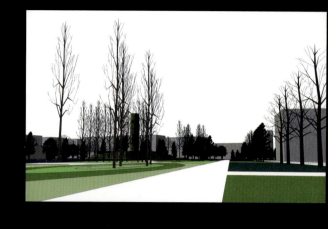
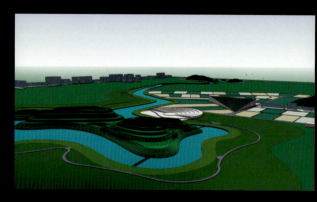
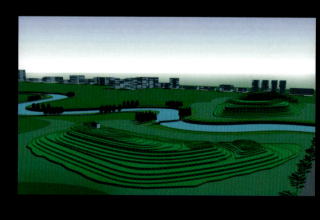

1 / B+节点平面图
2 / 功能分区平面图
3 / C-节点空间模块A
4 / C+节点空间模块A
5 / C+节点空间模块B
6 / C-节点空间模块B
7 / B+节点空间模块

　　滏阳河滨水地带规划设计重要目标之一是改变沿河环境功能内容单一的现状，增加环境功能的多样性。应该避免整个河滨地带单一的公园休闲功能设计。必须结合城市设计，在市区中心地段尽量多地引入商业、办公、文化等公共建筑，最终形成河滨商业区、办公居住区、文化区及休闲区，使河滨地带成为城市生活不可缺少的一部分。结合邯郸市总体规划的"优化城市中心地段"原则，在河滨中心地带，分步骤建出一个具有地方文化特征，以商业、办公和居住功能为主的城市空间。与市区其他空间环境不同，该区域内应以步行道路为主，环境空间自然多变，尺度以人为本。该区域内要避免小区式建设，推广街区式建设模式。该区段人流较多，尽可能规划设计各种亲水堤岸，满足城市生活的多样化需求。

以经济上可行的观点考虑，我们建议尽可能不破坏现有的景观环境要素。因此，要改变该区段单调乏味的环境现状，就必须在两河交汇区域作重点处理。本方案在两河交汇处修建一个小岛，并在岛上建造一座灯塔，塔上安装激光灯束，将使此段空间环境更具吸引力。该区段沿河两岸现有的栏杆将被保留下来。为使河岸环境更加生动活泼，每隔50～80m修建一个跨水平台，种植树木和安放长凳。沿种植树木走向的小路和立体地面植被以及灌木可以丰富人们的环境视觉感受。

1／B－节点空间模块
2／B＋节点空间模块A
3／B＋节点空间模块B

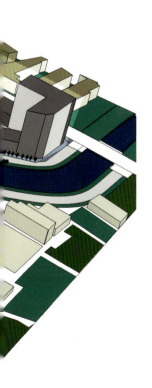

郑州华信学院

占地面积: 105hm²
建筑面积: 35万m²（主校区）
设计时间: 2008-2009
项目地点: 中国·新郑

基地位置：

华信学院新校区用地位于新郑市城北开发区内，中华北路以东，泥张河东侧规划路以西，核心商务区以南，规划学院路及自然生态景观黄水河以北。伴随着新郑新区建设和城市发展，基地周边交通和设施将日趋完善，方便快捷。

项目概况：

规划方案注重控制整体建设经济性，建安成本合理控制造价，主校区建筑面积约35万m²。基地西南侧、南侧、东侧地貌较复杂，前期大量保留，作为校区游园，远期局部作为预留发展用地。北侧规划新区二环道结合少典墓景观资源，形成特色化、生态化、人文化景观道路。

A	主校门
A-1	校园次入口
B	行政综合楼　　　　（7层）
C	图书馆　　　　　　（5层）
D	学术交流中心　　　（6层）
E	教学楼·实验楼组团（6层）
F	学生宿舍　　　　　（6层）
G	学生食堂　　　　　（2层）
H	大学生活动中心　　（2层）
I	青年教师公寓　　　（6层）
J	校医院　　　　　　（4层）
K	后勤用房　　　　　（5层）
L	教师生活区　　　　（6层）
M	标准运动场
N	多功能体育馆　　　（1层）
O	游泳馆　　　　　　（1层）
P	会堂　　　　　　　（1层）
Q	垃圾转运站　　　　（1层）

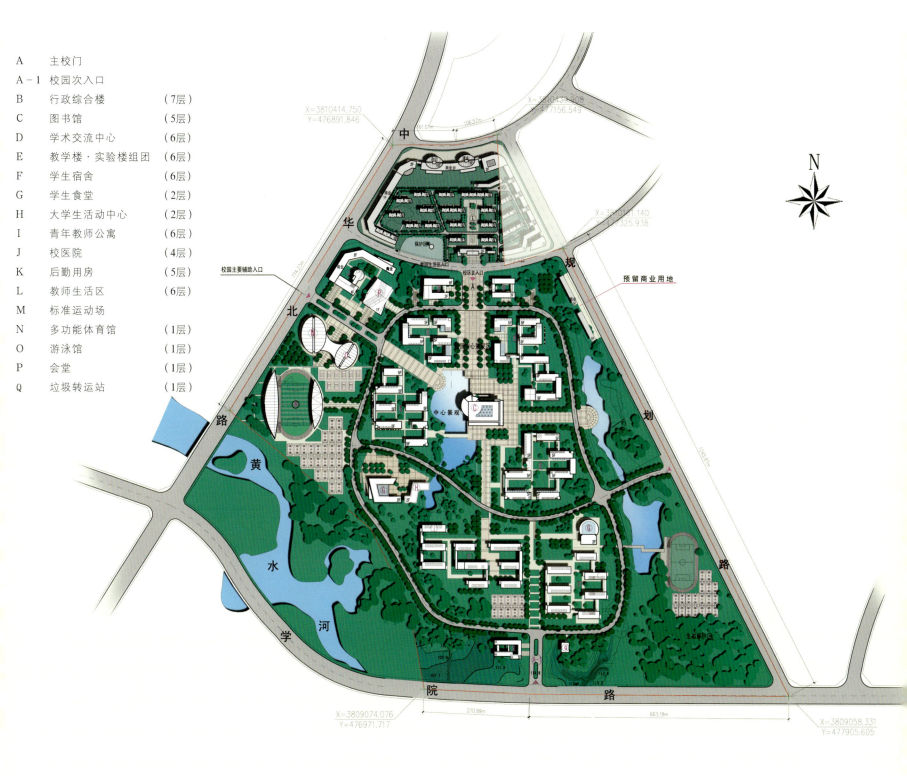

1／学院鸟瞰图
2／学院总平面图

1／学院会堂效果图
2／学院功能分析图
3／学院教学楼效果图1

设计概念：

对应出入口自北向南基地较为平坦，结合外环车行道依次设计校前办公区、综合教学区、生活区；在综合教学区与生活区之间设150亩体育运动区；主入口两侧设置行政办公楼、学术交流中心，对外流线便捷，方便联系教师生活区，减少对教学区的干扰；临中华北路西入口北侧兼顾对外设会堂和校医院；四个教学组团围合中心广场，以图书馆为中心，完成空间的过渡与连接，沿中华北路次出入口空间、景观轴线，可完整看到图书馆的优美造型；临近教学区，分组团集中设置学生生活区和青年教师公寓；生活区东侧设第二运动区，食堂和学生活动中心处于教学区和生活区之间，临近运动区，方便师生使用；西入口南侧为体育馆、游泳馆及下沉体育运动场地；在生活区南侧设后勤用房，功能分区合理，保留东侧和南侧原有地形及生态景观，形成完整序列空间和有利于人才培养的自然和人文环境。

佛岗城中村改造概念规划

占地面积：	116.89hm²
建筑面积：	207.58万m²
设计时间：	2006
项目地点：	中国·郑州

　　郑州市是河南省政治、经济、文化中心，北临黄河，西依嵩山，东南为广阔的黄淮平原。佛岗位于郑州市南部，隶属于二七区管辖，北临郑州市老城区，东临京广铁路，西南侧临规划的运河公园绿地，南距南水北调工程仅约50m。具有良好的区位优势。规划用地北部有省射击场，南侧为黄河科技大学，南三环从基地中间穿过。

　　如何通过积极有效的措施、科学的规划，合理地整合有限的资源，引入新的生活模式、新的社区概念、新的城区空间；如何通过城中村改造达到"三满意"（即居民生活环境得到改善，生活保障有稳定的来源，集体经济可持续发展，村民满意；政府不投资，换得城市基础设施的完善、城市功能的增强、城市环境的改善、城市形象的提升，政府满意；开发商有合理的利润空间，开发商满意）。这些是规划要解决的关键问题。

规划定位：

　　本项目定位为："以居住功能为核心的，以休闲娱乐功能为特色的，具有都市魅力的多功能复合的城市单元。"

　　规划布局依托规划，推出示范新区概念五"新"、四"一"。五"新"的体现：新脉络、新肌理、新街坊、新生活、新形态；四"一"的理念：一轴、一脉络、一核心、一中心。

　　"一轴"为形象轴，沿50m宽冯庄路北至南三环，南至佛岗东路。

　　1.在南三环与冯庄路西南角结合市政游园、城市绿地与百米高层建筑设置市民广场，在东南角结合规划商务中心区设计城市广场，两广场合理分置，使其成为本项目都市休闲示范区的形象展示空间。

　　2.沿路设计数幢现代化高层建筑，商务设施、大型商业、娱乐设施，体现大都市形象与概念。

　　"一脉络"情调休闲活力街，在地块中心区域，沿天河路南北向设置一条清晰的脉络——情调商业街。

　　独特的建筑风格，人性化的空间尺度，多样化的生活氛围，营造出充满人情味，能够支撑社区生活的邻里交往模式与街区商业空间的多样性；使社区融入城市街区环境中，从城市街区中汲取活力。

　　"一核心"中心block街区，在中心街区设置充满异国风情的集休闲、购物、餐饮、娱乐于一体的商业设施，体现在：

　　"Block"是完善的生活系统，能保证内部各生活细节的自给自足，而且是开放的格局，分布上讲究功能的聚合，其本身是一种有格调的生活，给居民带来全方位的生活体验，业主在社区内部能够拥有并品味出更多的"风景"与"风情"，体现的是建筑与精神的完美协调。

　　"一中心"商务形象展示区，临南三环、市民广场、城市广场及其高层建筑群。

　　1.处在都市与休闲示范区的转换空间，集中设置现代化商务办公建筑；

　　2.充分展示规划区内的不同生活方式、不同文化与功能元素、不同风格的建筑，体现生活与梦想，不仅是本规划区内也是辐射周边大区域的商务办公中心。

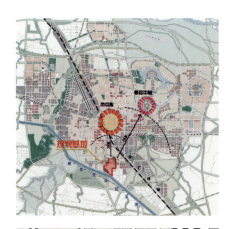

1／基地区位图
2／详细区位图
3／规划总平面图

1/总体鸟瞰图
2/规划理念分析图
3/景观分析图
4/沿街效果图

景观规划：
　　结合居住区整体规划进行景观设计，将自然景观、整体规划、城市空间、建筑进行有机融合，整个居住景观绿化系统由三条纵向居住区级公共绿轴和三条横向居住区级公共绿轴组成，使整个居住区中的每个单元均能快速的到达公共绿轴，最大限度地享受到景观资源。

1／立面方案一内景透视图
2／立面方案二沿街透视图
3／立面方案二内景透视图

李江沟城中村改造概念规划

占地面积: 25.7hm²
建筑面积: 58.3万m²
设计时间: 2006
项目地点: 中国·郑州

基地位于郑州市西南方位，陇海路与西环路交叉口东侧，北临陇海路，西隔50m绿化带与西环路相邻，基地被两条城市级东西交通干道汝河路和淮河路穿越，交通便利。

基地优势：交通便利，方便快捷。基地周边有世纪联华商场、华山医院、华山小学、城市游园等城市级商业配套服务设施。基地西临城市50m绿化休闲带及南水北调工程近500m水系绿化景观，区位优势相当显著。

基地劣势：
基地东侧距基地红线50m左右处有郑州燃气公司的两座储气罐，基地西侧距基地150m左右有市燃料公司的数座储油罐，基地西北角规划有公交车站。

在规划设计时，充分发挥基地区位优势，规避东气罐、西油罐、公交车站内噪声及汽车尾气对基地的影响是本项目规划的重要出发点。

1／基地区位和现状分析图
2／总体空间模块图
3／概念规划总平面图

1／总体空间模块示意图
2／项目开发链分析图
3／景观链分析图
4／公共空间链分析图
5／产业链分析图

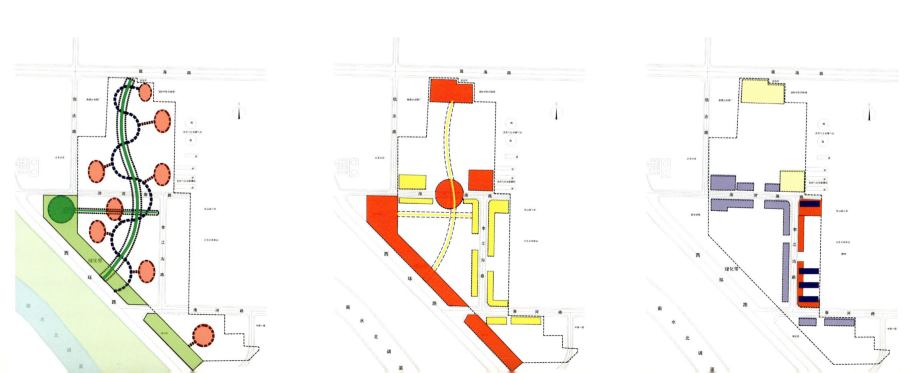

橡树玫瑰城
—— 刘南岗城中村改造规划

占地面积： 19.37hm²
建筑面积： 55.77万m²
设计时间： 2008
项目地点： 中国·郑州

项目概况：

  本项目总占地面积19.3664hm²，约合290.50亩，分A、B、C三块：A地块位于紫东路以北，占地0.8045hm²；B地块北靠紫东路和高压走廊防护绿地，东临规划红线宽30m的刘南岗路，西依中州大道和50m宽城市公共绿地，南部为金岱工业园公共绿地，总占地面积16.0124hm²，是最大的一块；C地块位于岗南路以南、刘南岗路以东、南三环以北，东西宽约90m，南北长约286m，占地2.5495hm²。

1／沿中州大道夜景效果图
2／总平面图
3／功能分析图
4／绿化分析图

1／高层住宅效果图
2／小高层效果图
3／沿中州大道效果图

住区篇
COMMUNITY DESIGN

逸品香山二期

占地面积： 8.08hm^2
建筑面积： 23.81万m^2
设计时间： 2008
项目地点： 中国·郑州

1／鸟瞰图
2／总平面图
3／道路分析图
4／景观分析图
5／功能分析图

项目概况：

本案基地位于郑州市北部惠济经济开发区，其中8号地位于梅园街（规划）南、金达路北、香山路东，面积42455.7m^2，约合63.68亩；9号地位于梅园街(规划)北、开元路南、香山路东，面积38889.6m^2，约合58.33亩。两块地隔梅园街南北相望。地块周边路网密集，交通便利；9号地北侧有金洼干渠及其防护绿地，东北角有城市公共绿地，自然环境较好。整个地块东距花园路约600m，南距贾鲁河约1.6km、距北环约6.3km。地块周边为老的别墅区，如盈家水岸、水映唐庄等别墅项目，西北有黄河迎宾馆等高级会馆接待场所。

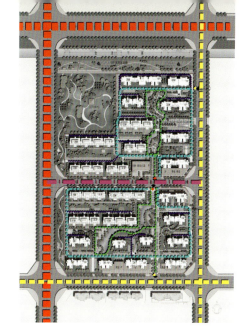
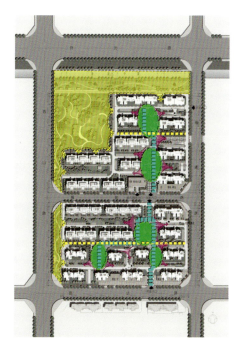
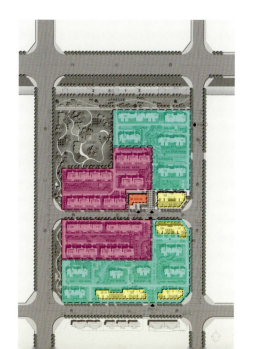

总体规划布局：

  本案在充分考虑现状条件和周边环境的基础上，从城市设计、居住区规划及建筑设计循序着手，在符合城市规划相关退界、限高规定的同时，结合周边环境进行整体设计，总平面布局在合理的前提下充分珍惜土地资源，注重城市道路沿街面及绿化环境的整体打造。全面审视了城市整体大环境,运用城市设计原理,做到小区环境、建筑形态、城市景观交通组织等的和谐统一,创造出布局简洁明晰,分区明确,有机统一,空间层次分明,开放互动的现代整体社区环境。

1／小区内景透视图
2／高层透视图
3／高层沿街透视图
4／电梯洋房透视图

九郡·弘

占地面积: 11.55hm²
建筑面积: 4.22万m²
设计时间: 2004.03
项目地点: 中国·郑州

别墅规划的布局:

1. 根据别墅档次的划分进行景观及地段资源的合理分配。从而使地段位置的价值、景观的价值与别墅的价值相匹配。本设计考虑将超豪华型别墅主要设于地段北侧,三面环水,充分显示其尊贵的庄园式豪宅风貌;将高级别墅及部分豪华型别墅布置于沿中心湖面处,享有开放的水景;将普通别墅与双联式别墅设于其他地段。并通过绿化来隔离北面相邻地段不明确的开发因素对别墅区可能造成的负面影响。除位置布局外,每种别墅拥有的占地面积也根据别墅的不同档次进行划分。

2. 别墅以组团方式进行布置,每个组团均设有相应的组团中心及标志性建筑,每组别墅的色彩及排列组合方式均不同。从而使每个邻里单位给人以不同的印象,每个街道形成不同的街景。别墅布置以坐北朝南为主,但个别别墅采用偏东南或西南的布置以利于观景及形成不同的景观特色。

交通系统:

车行系统为环道式,沿基地周边设置环道,利用消极空间,减少外界对住户的干扰;由环道引出九条支路形成九个组团,每个组团由水面相隔,形成小"岛"。

景观步道由会所开始穿越小区中心景观沿水系蜿蜒北上,贯穿整个景区。

总平面布局与环境:

保持以公园步行轴为核心,汽车沿外环行驶的人车分流系统。以水景为环境主题,通过会所北部开阔的湖面与别墅之间的溪流相结合,形成安静怡人、充满水岸情调及田园气息的别墅区。

在用地的西南角、会所前设风格华丽的入口花园,入口花园设花式种植植物造型及喷水和跌水等,既烘托出浓厚的入口迎宾气氛,也将别墅区内的水景引至入口空间。

在别墅与溪流之间设不同高度的缓坡,从而使建筑、绿化与水面之间形成自然生动的画面。

1/实景照片1
2/总平面图
3/组团划分图
4/景观分析图
5/实景照片2

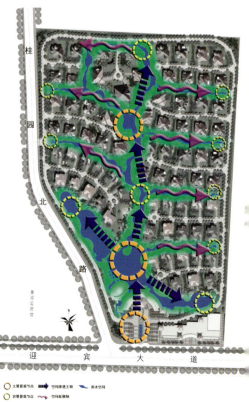

1／实景照片3
2／B2户型透视图
3／A3户型地下平面图
4／A3户型一层平面图
5／A3户型二层平面图
6／A3户型阁楼平面图

1／景观照片1
2／景观照片2
3／景观照片3

　　本别墅区设计试图将世界豪宅的居住文化与艺术引入郑州市的富有阶层。别墅风格主要以北美经典豪宅风格为主导，安排布置地中海别墅及度假型别墅。

　　本设计考虑设计A1、A2、B、C1、C2、D1、D2、E1、E2、E3、F1、F2、F3共13种基本类型的别墅。其中A、B户型为双联式别墅，分别有南入口与北入口两种设计，建筑风格以乡村度假式别墅为主。

　　C、D户型为标准型别墅，采用不同平面特色、不同建筑造型的设计，并穿插布置在总平面上。建筑风格以北美经典式及地中海式为主。

　　E户型为高级别墅，F户型为超豪华别墅。采用北美经典豪宅及地中海豪宅的风格，色彩明丽、细部精致、造型典雅。各类型别墅可以基本类型别墅的设计为基础，通过色彩及质感的变化发展成多样化的别墅种类。

　　别墅使用的材料主要以高级外墙涂料、仿自然毛石、高级屋面瓦、塑钢窗等。别墅主要分为三个色彩系列：即深蓝色屋面配暖灰色外墙、深褐色屋面配浅黄色外墙及橙黄色屋面配暖黄色外墙。建筑立面细部处理精细，明亮的色彩与粗糙的毛石形成对比与衬托。富有特色的檐口、窗楣、拱廊、老虎窗等勾画出富有情调的温馨家园。

1／实景照片4
2／实景照片5
3／实景照片6

龙湖花园

占地面积： 13.40hm²
建筑面积： 13.50万m²
设计时间： 2006.08
项目地点： 中国·郑州

构思立意：

　　本案基地位于龙湖南区东北角，该区域数个高档居住区已初具规模，基地东侧60m宽城市绿化带和北侧10m宽绿化带提供本基地良好的景观与生态资源。规划设计充分考虑地块优势资源的挖掘，寻求突破与创新，以连续自然景观，寻求城市空间、建筑的有机融合，居住区景观以和谐共生为设计原则，以"空间·景观·环境"为主题，在总体规划、建筑形象、景观规划等方面予以充分的挖掘和演绎。

　　1.利用基地地形呈"扇环形"特点，建筑物由顺应地形与南北向布局有机结合，既照顾城市道路街景效果，同时提供大量适应北方地区朝向的住宅，并形成数个围合景观空间，避免"矩形"、呆板景观空间的出现，从形式上与景观空间的气质"浪漫、自由、舒展"相吻合。

　　2.基地南、西两侧设出入口，西入口为步行出入口，对外销售商品房部分在此区设自用机动车出入口，方便快捷，分区明确。南向设亲情广场，顺应亲情广场设计南北向水系，亲情广场与老人儿童活动广场过渡自然，形成两个半围合广场,满足居民的使用。主要机动车出入口与人行口既分且合，交通便利，同时避免人车过多的交叉干扰，小区内局部人车分流。

1／空间模块图1
2／空间模块图2
3／总平面图

1／东北角模块图
2／东南角模块图
3／商业透视图
4／小区别墅透视图
5／小区景观透视图

1／夜景透视图
2／单体建筑透视图
3／小高层透视图

总体布局：

本案总体规划平面布局体现"一步行道、两中心广场、三个景观带、环形小区主干道"有机结合的布置方式。

1．一步行道　基地南、西两侧各设一出入口，西侧出入口为步行出入口。步行道北侧为对外销售房，区域划分独立，可充分利用商业及配套设施，机动车出入口设在西入口北侧，交通便利，与居住区车流无交叉干扰，商品房业主步行出入口设在步行道北侧东端，经景观带进入组团内部，人车分流，安全便利，且充分享受外部景观空间。

2．两中心广场　基地南侧设农行住宅小区自用人行、车行出入口，机动车分设两侧，并就近设置地下汽车库出入口，中间设置人行出入口，人车合理分流，减少交叉干扰。大门北侧为南北向亲情广场，视线通透，空间开阔，景观怡人，满足居民的休闲、沟通、交流的需求。广场东侧设景观水系，有机构成富有自然气息的巧妙配置，提高小区品质，构建缓解工作压力、释放心情、促进交流，适宜休闲散步的浪漫空间，"亲情广场"北侧通过步行道连通老人儿童活动广场，院落顺畅，空间多样，景观变化，构成居住区核心景观带。中心景观空间自然连接，为中心区多幢住宅提供居民方便、安全、健康、人性化、有愉悦感的行为体验，强化归属感。

3．三个景观带　两曲、一折三景观带贯穿居住区，由亲情广场形成线形景观轴线，始于南入口曲线景观空间，与亲情广场、景观广场首尾相接，步移景异，形成多样空间，构建贯穿小区的景观系统。不仅强调景观均好性，且中心亲情广场提供居民开阔的交往景观空间。

4．环形小区车行主干道，小区南入口两侧设一条机动车环道，连通基地东西两组团，流线便捷，人车分流，小区西入口设置机动车道，贯通基地西侧、北侧，两条道路形成环形机动车主干道，合理放射至宅间路。路网结构与室外景观空间巧妙结合。整个小区机动车路线呈"葡萄串"路网结构，层级清晰，流线便利。

伟业·世纪新城

占地面积：	8.98hm²
建筑面积：	11.94万m²
设计时间：	2003.12
项目地点：	中国·郑州

　　伟业世纪新城，坐落于郑州市经南三路以南，郑尉公路以北，经开第二大街以东，经开第一大街以西。地形基本上为方形。规划总用地8.9832hm²，规划区用地7.0246hm²，总建筑面积11.9389万m²，其中地下17396m²，地上101993m²。本小区建有6层的多层住宅两栋，8层公寓一栋，其裙房为服务于小区的会所等用房，还有4层联排别墅16栋。

　　本小区地处郑州市经济开发区，远离喧嚣的闹市区，环境优美宁静，空气清新。小区基地形状基本为方形，在这样普通的地界里，本方案采用了"风车式"的布局方式，以求打破常规的布局形式。小区的交通采用内外环相结合的方式，内环为圆形，外环沿地界做方形，沿内环道路设计了环绕整个小区的水系，内外环道路通过弧形道路相连接，弧形道路通过九座小桥跨越水系，在小桥的桥头重点设计了小型广场，蕴含着"九龙居水"的寓意。

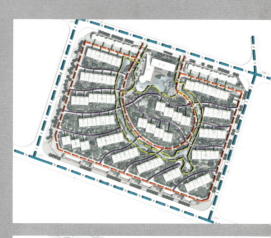

1／总平面图
2／总体鸟瞰图
3／局部水景照片
4／交通分析图
5／景观分析图

1／小区实景照片1
2／小区实景照片2
3／小区实景照片3

1／小区实景照片4
2／小区实景照片5
3／小区实景照片6

正商·金色港湾

占地面积： 15.95hm²
建筑面积： 24.59万m²
设计时间： 2002
项目地点： 中国·郑州

　　21世纪国民经济的快速发展改变了人们的日常生活节奏，本小区创造了一个文明、现代化的居住环境，营造了一个优美、祥和的居住空间，体现了"均好性、多样性、协调性"的设计理念。小区建筑提高了自身的科技含量，对成熟的新技术、新工艺、新产品、新设备的应用显得尤为着重，使人们在紧张的工作之余感到生活空间的安全、方便、舒适。坚持"以人为本"的设计理念，在不断创新的基础上，体现以科技为先导，以功能的先进、节能、舒适、安全、配套为主线，坚持以高起点的原则去构思，精心设计21世纪的高尚住宅区。

1／总平面图
2／景观轴线照片
3／交通分析图
4／组团分析图
5／景观分析图

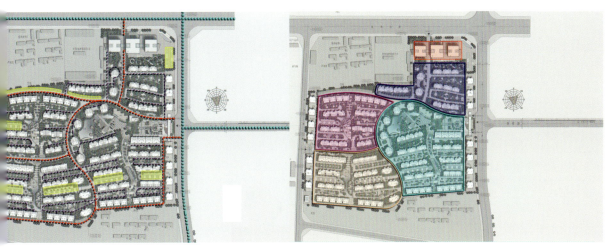

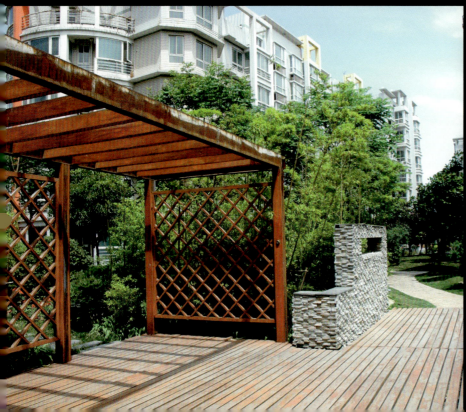

1／实景照片1
2／实景照片2
3／实景照片3

1／实景照片4
2／实景照片5

1／实景照片6
2／建筑局部照片
3／实景照片7

国际印象街区规划

占地面积： 20.54hm²
建筑面积： 96.66万m²
设计时间： 2008
项目地点： 中国·郑州

规划目标：

发展以商业为主导，居住与商务围绕商业进行，通过优化商业环境将商业、居住、商务、配套进行有机结合。

设计理念：

　　作为以时尚家居为主题的城市综合体，吸引和拉动周边的地区经济要素向城市聚集，从而形成城市积累性集中成长，形成城市经济新的"成长极"。带动周边经济、技术、管理水平的全面提升。同时将自觉承担起传播世界家居文化，引领与提升国内家居文化消费潮流的重任，为大众创造非常好的家居生活，本工程将成为郑州规模最大，档次最高的集购物、休闲、居住、办公、会友、餐饮、健身、娱乐、艺术、创意、展示、体验于一体的大型多功能的家居主体、商业空间、生活广场。

1／B地块鸟瞰图
2／C地块鸟瞰图
3／D地块鸟瞰图
4／A地块鸟瞰图
5／内街透视效果图

BLOCK街区：

　　本着以人为本的思想和推广现代商业的概念，将四个地块赋予独特的建筑形态，A、B、C、D四地块均为商住建筑，通过控制整个地块的建筑形态与形式，将四个地块统一地组合在一起，形成完整的建筑群体空间效果。

　　强烈的色彩倾向，运用强烈的色彩搭配，如红色、黑色、白色搭配等，塑造建筑强烈的个性，给到访的消费者以视觉上的新鲜刺激，让人对购物充满期待感，同时给居住者以明确的归属感和领域感。

　　整体形象的塑造，五纵五横，以四个地块各自的中心广场为核心，通过五纵轴、五横轴将四个地块有机地结合起来。

　　在规划理念统一全局的前提下，将其他办公建筑、酒店建筑以及公寓、住宅按多种高度相结合。通过简洁现代的建筑形式，塑造充满现代感的物流园区。

1／内街夜景效果图
2／城市沿街效果图

建筑用地20.54公顷,分A,B,C,D地块。

A地块建筑性质为商业、办公及居住,沿商都路由两栋点式公寓和两栋点式办公及四层商业组成,地块其他部分为二层商业,上部为七层和十三层住宅,地下室负一层为车库(车库一层),该地块核心部分为生活广场,开阔空间,增强商业街的趣味性和活力。

B地块建筑性质为商业办公及酒店、住宅,沿商都路为四层商业,上部为一栋酒店及一栋办公,办公楼为百米高层建筑。地块其他部分为二层商业,上部为七层和十三层住宅,地下室负一层为车库(车库一层),该地块与A地块的商务办公楼隔街相望,从商都路上统领了整个物流区,独特的造型给人独特的印象。

C地块建筑性质为居家大卖场、商业、公寓及住宅,沿万通街布置四层商业,功能包括宜家家居卖场以及文化艺术博物馆地块,其他部分为二层商业,上部为七层和十三层住宅,地下室负一层为车库(车库一层)。

D地块建筑性质为生活大卖场、商业、公寓及住宅,沿万通街布置四层商业,功能包括丹尼斯卖场和电影院,地块其他部分为二层商业,上部为七层和十三层住宅,地下室负一层为车库(车库一层)。

鑫苑·国际城市花园

占地面积： 15.66hm²
建筑面积： 39.11万m²
设计时间： 2006.08
项目地点： 中国·郑州

基地概况和区位分析：

  本案基地位于郑州市西区棉纺东路中段、嵩山路与金水路之间，南依棉纺东路，北隔绿化带与陇海铁路相邻，西距西区南北交通干道嵩山路仅360余米，东临鑫苑前期项目都市领地，是原郑州水工机械厂厂区所在地。因水工机械厂要保持生产的连续性，项目分两期进行。一期全部为多层，二期全部为高层，规划设计综合协调容量、空间、交通、日照等因素，在保持项目整体性的前提下，力图创造一个高品质、高品位的居住生活环境。

1／建筑局部照片
2／总体鸟瞰图

1／实景照片1
2／总平面图
3／实景照片2

| 1 | 2 | 3 |

1／实景照片3
2／实景照片4
3／实景照片5

1/实景照片6
2/实景照片7

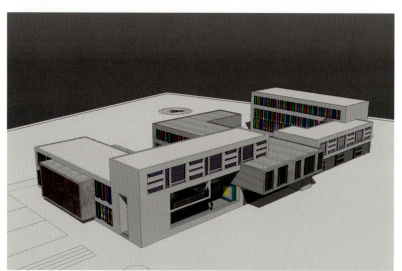
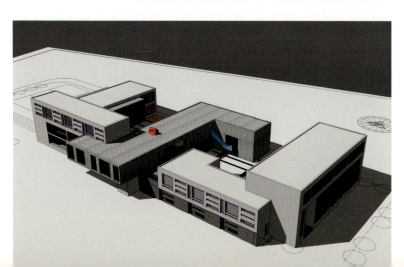

鑫苑·国际城市花园幼儿园

N

1／幼儿园空间模块
2／幼儿园模块顶视图

081

鑫苑·望江花园

占地面积： 5.80hm²
建筑面积： 14.01万m²
设计时间： 2007.02
项目地点： 中国·合肥

规划设计原则：

一、贯彻以人为本的思想，以建设生态型居住环境为规划目标，创造一个布局合理、功能齐备、交通便捷、绿意盎然、生活方便，具有文化内涵的社区。注重居住地的生态环境和居住的生活质量，合理分配和使用各项资源，全面体现可持续发展的思想，把提高人居环境质量作为规划设计、建筑设计的基本出发点和最终目的。绿化系统的建立及绿化覆盖率的提高，是现阶段改善居住地生态环境的有效手段。完善的配套设施，方便的交通系统，宜人的空间设计以及健身、休闲、娱乐场所的设置，将有助于居民生活质量的提高。

二、在城市土地这一不可再生资源随着时代变迁和发展弥足珍贵的今天，充分利用土地，挖掘土地潜力，有效配制资源，实现整体高品质社区环境与开发经济利益的双赢局面，成为本方案高战略的出发点与立足点。

三、充分利用天然资源环境,创造自然生态的人居环境，实现居住环境与自然环境高度融洽，树立小区自身个性和形象特征。充分利用土地资源，通过适宜的容积率和建筑密度来形成有活力的社区，提高土地与基础设施利用的高效性。

四、确保使用功能合理：居住、活动、文化及绿化景观是居住区使用功能的主体，不以牺牲使用功能来换取简单的形式上的虚华，形式内容相统一，避免城市住区营造方面的误区。

五、保证住宅朝向：良好的朝向对于住户来说，无论是采光日照，还是通风，都是至关重要的；而且良好的朝向是在保证住户使用权利的前提下提高容积率的最为有力的手段。

六、弹性规划原则：针对十几万平米的居住小区而言，注重开发建设实施过程中的阶段性、可操作性。创造、开发、建设、销售、使用等不同环节,有条不紊、相互协调并存。

七、功能复合:幼儿园、高层住宅、商业公共建筑多重功能叠合，高效利用公共界面，以发挥公共空间的最大效能。

八、组团级邻里空间的创造:注重生活空间的环境质量，从景观环境到邻里人情，打造生态的、人性的居住模式。

九、建立有层次的便捷的交通道路系统:合理组织车流人流，并形成丰富的体验流线，简练的布局与合理的功能分区相组合。

1／高层北立面照片
2／地上停车分析图
3／景观分析图
4／小区内景透视图

1／多层住宅实景照片1
2／多层住宅实景照片2

亚新·美好时光

占地面积： 10.12hm²
建筑面积： 18.99万m²
设计时间： 2004
项目地点： 中国·郑州

项目概况：

总体布局针对西临铁路及热电厂等不利因素，沿基地西、北两侧布置了大量大进深、居室朝向院内的小户型，并尽量减小这些楼的空隙，以遮挡噪声及不利风向。

地界27°左右的扭转与楼体南北向的布置，带来错落有致的空间韵味，加上大量乔木与灌木的绿化组合，对区内噪声的弱化吸收更加有利。

小组团以南北入口结合，形成院落邻里空间，满足业主多层次的空间序列需求。

1／高层北立面实景照片
2／小区总平面图
3／高层局部照片

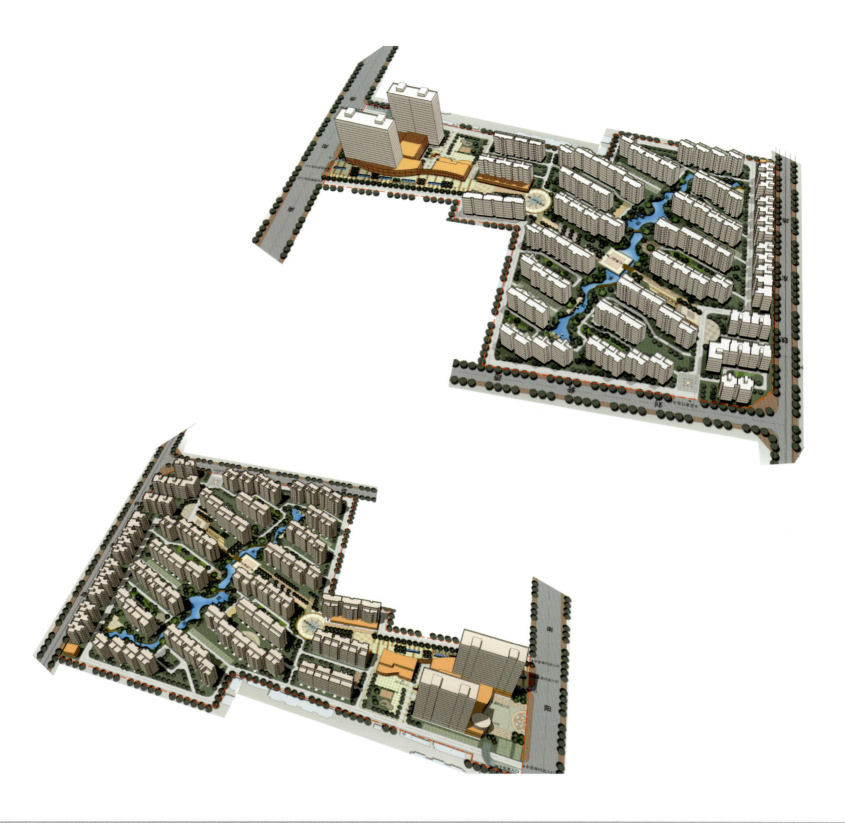

1／西北视角模块图
2／东南视角模块图
3／高层局部照片
4／主入口透视图

1／高层实景照片
2／高层透视图
3／沿街多层效果图

旧城区改建
——金牛拖拉机厂项目规划

占地面积： 7.45hm²
建筑面积： 19.66万m²
设计时间： 2007.09
项目地点： 中国·郑州

项目背景：

本项目位于郑州市老城区形象大道金水路与陇海铁路立交桥西侧，紧邻郑州旧城中心区。本案总体空间以"一场、一轴、一心、一环、一岛、四团"统领全局。

1／方案一总平面图
2／方案一鸟瞰图
3／方案二鸟瞰图
4／方案二总平面图

"一场"即为合作路入口商业广场，不仅营造一种高品质住区入口的开阔气势，而且结合商业、会所为城市提供一个宽敞的室外交往空间、聚会空间；"一轴"以入口广场为起点，在保留原柴油机厂塔松景观大道的基础上，结合商业风情街、人行步道的延伸，沿景观主轴线将小区步行人流引入中心景观休闲广场；"一心"即为中心景观休闲广场；"一环"为一环绕"中心岛"组团的景观水系环，整个小区由景观和道路分割为包括中心岛在内的四个组团。景观序列在中心景观休闲广场收束，进而沿中心景观环形水系向周边发散，包围中心岛的同时，辐射其他三个组团，从而实现景观由线及面覆盖全区。整个空间布局以主入口商业广场"起"，由林荫大道主轴线"承接"，延伸至社区中心景观休闲广场后，再由环形水系"转合"、发散。以其形成的强大文化景观引力场，将空间景观高潮引向极致又疏散到整个社区，空间景观的"起承转合"如行云流水，一气呵成，酣畅淋漓！

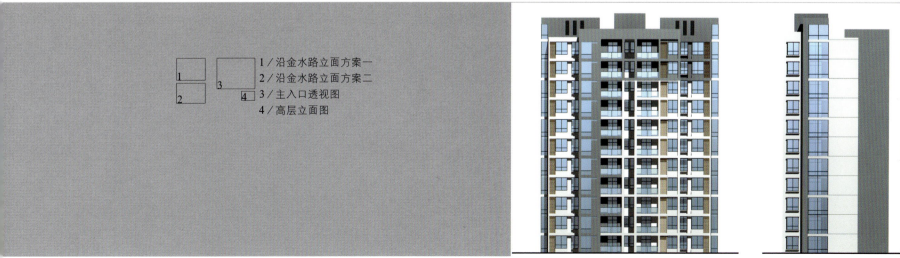

1／沿金水路立面方案一
2／沿金水路立面方案二
3／主入口透视图
4／高层立面图

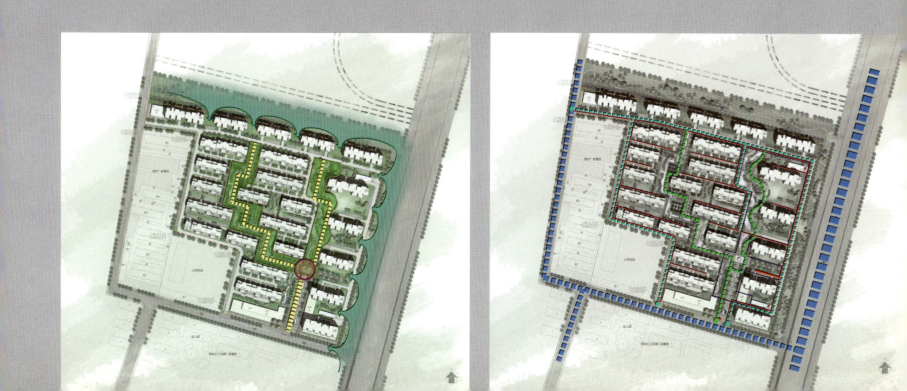

阳光·公园道

占地面积: 8.56hm²
建筑面积: 23.87万m²
设计时间: 2007
项目地点: 中国·郑州

　　基地地形平整，用地条件良好，用地边界规则。基地由三块地块组成，分别为M-1，M-2西部，M-3-1西部。M-1与M-2地块由城市支路和光街分隔，规划道路红线25m；M-3-1地块隔城市支路榆林南路与M-1，M-2地块相邻，规划道路红线25m。基地总用地面积约85584m²（其中M-1地块约为20047m²，M-2地块约为10944m²，M-3-1地块约为59493m²）。M-3-1地块西南角与东南角为规划城市绿地。

1／总平面图
2／总体鸟瞰图
3／景观分析图
4／功能分析图
5／道路分析图

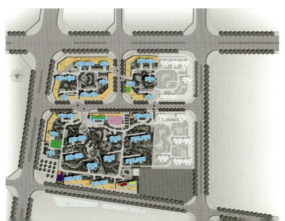

1／小区高层透视图
2／沿街高层日景透视图

汇港新城

占地面积: 1.47hm²
建筑面积: 11.67万m²
设计时间: 2008
项目地点: 中国·郑州

设计背景:

本项目是在特殊的基地环境下所做的高层建筑规划设计。此项目旨在解决民主路地区控制性详规下回迁居民、回迁单位的安置问题，同时由于地块位置的特殊性，如何挖掘本地块的最大价值也是设计中要考虑的突出问题。

1／总平面布置图
2／鸟瞰图
3／沿解放路方案－日景效果图
4／沿解放路方案－夜景效果图

设计理念：
　　充分考虑项目的特殊性，挖掘地块的优势资源，寻求突破与创新，如何安排好各种建筑功能，寻求其城市空间、平面布局，以及建筑形态的有机融合，并使其成为郑州市旧城改造的标志性建筑，是本次规划及建筑设计的根本出发点。

单体概念设计：

户型设计原则：功能完善性、科学性、合理性、阳光性、通风性。

    1.空气通透，阳光充足。户型围绕景观及朝向进行设计，使每一单元或是具有好朝向，或是具有好景观。

    2.户型功能合理，动静、干湿分区明确，私密性强。各卧室、厨房、卫生间宽敞实用，摆放家具方便灵活。充分考虑住户的健康性、舒适性及景观效果。

    3.大开间连体客厅餐厅，扩大户内公共部分空间范围，部分餐厅直接对外，具有良好的视景，尽现豪华气派，通风采光效果极佳。

    4.尽量减少室内交通面积，避免长走道式的室内空间。厨房、卫生间全部直接对外采光、通风。

    5.部分设置凸窗，加大窗户面积，使室内显得宽敞、明亮，扩大了室内空间。

    6.所有公共楼梯间、电梯间尽量争取直接对外通风采光。

天明·雅园

占地面积： 10.30hm²
建筑面积： 42.13万m²
设计时间： 2008.05
项目地点： 中国·郑州

设计构思理念：

1. 开阔高远的区域理念

从整个城市全局高度对小区进行规划定性，将小区作为城市中的"组成元素"进行设计，充分考虑小区与周边城市特质在空间、功能、交通上的相互关联，有效地整合周边的城市空间资源，最大限度地提升小区内部的开发价值。

2. 和谐共生的健康社区

贯彻"以人为本"、"尊重自然"与"可持续发展"的思想，综合分析区位条件及基地与周边环境的关系，以建设和谐共生型居住空间环境为规划目标，做到人工环境与自然环境有机协调、和谐统一。以满足住宅的居住性、舒适性、安全性、耐久性和经济性。

1／总平面图
2／景观分析图
3／功能分析图
4／交通分析图
5／鸟瞰图

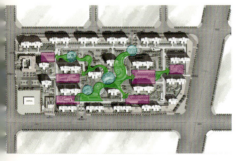
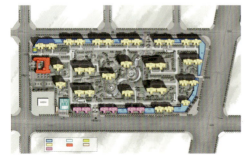

通过"一心、两带、多点"的规划结构,联系各个居住建筑和公共建筑,使之成为一个整体;通过建筑、景观、雕塑小品等元素,构成中国园林风格的花园社区。

立面设计以简洁、大气、明快为基本原则,在强调平面功能的同时,尽量避免多余的装饰,真正体会现代建筑功能至上的基本原则。在材质上进行细致设计,色彩明快不失典雅,材质亲和不失庄重,为业主营造一个中国传统"家"的氛围的同时,强调平面功能的完善性与布局合理性。

1／沿街高层透视图
2／天明小学透视图
3／沿榆林南路日景
4／沿榆林南路夜景
5／小区内景透视图

小学公共建筑色彩丰富,活泼靓丽,结合住宅立面以人性化的尺度设计,简洁的造型衬托休闲的户外入口广场。

阳光·海之梦

占地面积： 7.06hm^2
建筑面积： 113140m^2
设计时间： 2008.07
项目地点： 中国·海口

项目概况：

本案基地位于海口市美丽的海甸岛北部区域，西依和平大道，东隔一小区与南渡江相望，北隔宝安江南城项目远眺辽阔的琼州海峡，南临海景路。项目基地位于海甸岛成熟的生活区。项目基地西侧进深小，东侧进深大，呈不规则多边形，东西总宽404.26m，西侧南北进深87.75m，东侧最宽处南北进深294.2m。

1／项目区位图
2／整体鸟瞰图

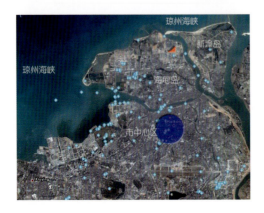

整体项目关注点：

　　海景的充分利用；

　　江景的兼顾；

　　城市沿街界面的考虑；

　　小区内部景观空间的设计；

　　建筑景观的滨海性。

小区内部景观空间设计：

　　在特定容积率下，高层的累加带来了区内景观绿地的广阔开放，超低的建筑密度12.07%带来的是超宽的小区内部景观视野，这就是超高绿地率的真切体现。内部景观结合滨海地区气候特点，大量的热带植被形成丛林景观，广阔的空间尺度加上稀疏的建筑布局，对于热带地区的夏季散热和住宅通风也是大有裨益。

　　内部景观空间的设计不是盲目的追求大，而是在大尺度的空间中，通过丰富的景观层次设置，营造富有情趣、亲切宜人的小尺度景观环境。植被的高低、疏密、远近及色彩都是经过精心布局的。景墙、水系、地灯等景观元素有机结合，活动场地与设施充分考虑人的参与，健身步道、健身设施等精心设置。

设计目标：

　　在海口市海甸岛众多楼盘中脱颖而出，成为具有鲜明滨海特色的现代度假居住典范。

构思立意：

　　滨海建筑风格。

方案关键词：

　　海景、海浪、海螺；

　　私家观海阳台、公共观海阳台；

　　刚性的流动，飘逸的建筑。

衍生优势：

　　在有限的容积率要求下，以高层建筑布局带来的超低建筑密度、超高绿地率打造超大尺度的丛林景观。

1／总平面规划图
2／各项分析图

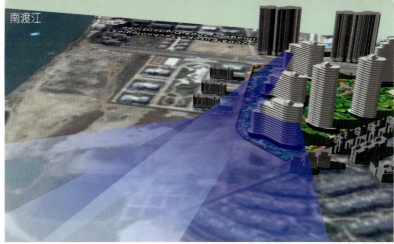
南渡江

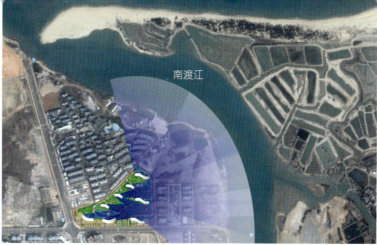
南渡江

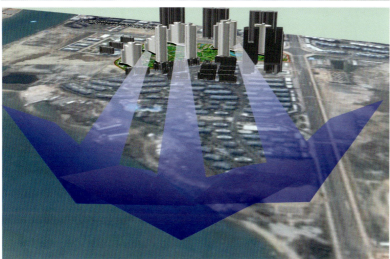

建筑景观的滨海性：

　　单体建筑设计充分迎合规划构思立意，塔楼瘦削圆润、挺拔俊秀，如白玉琢成，屋顶设计空中观海平台，海景尽收眼底；板楼流畅飘逸、跌宕起伏，若波涛澎湃，端部设计退台空间，畅享海风拂面。色彩以洁白与海的湛蓝形成鲜明对比，空中的蓝衬着白云的白，白愈白，蓝更蓝！户型设计也充分考虑海景利用，小进深，大面宽，大型私家观海阳台的创新设计，加上波浪感十足的流线形体，正可谓"刚性的流动，飘逸的建筑"，给"纯粹滨海建筑"以最好的诠释。部分户型在私家观海阳台设浴缸，使业主在最最放松的状态下欣赏最最美丽的海景。

1／沿海景路效果图
2／沿东侧规划路效果图
3／超高层效果图

昆仑·华府

占地面积： 6.21hm²
建筑面积： 18万m²
设计时间： 2008.08
项目地点： 中国·郑州

设计理念：

贯彻"以人为本"原则,提高人居环境质量和建设生态型的空间环境,满足住宅的居住性、舒适性、安全性、耐久性和经济性,并把新观念、新技术、新材料与居住要求相结合。创造一个布局合理,功能齐全,交通便利,环境优美的现代化小区。

贯彻"尊重自然"原则,充分利用城市景观,使人工环境与自然环境相协调,强调绿脉与小区流线,居民活动的融合,最大限度地发挥绿地的功效,满足不同层次住户的需求,建筑组群与绿色活动空间融为一体。

1/总平面规划图
2/内院效果图1
3/景观意向图1
4/景观意向图2

本案在设计中将中国传统园林起、承、转、合的设计手法与西方现代景观简洁、明朗的设计手法相结合，强调人的可参与性，结合景观的动态效果，追求平凡生活的情趣，从而展现一个丰富多彩、动静结合、功能强大的综合性休闲活动空间。

以人为本，人是景观的使用者，景观的布局应该首先考虑使用者的要求，空间需要由人的感知才能体现它的存在，只有人的存在和使用，才能体现景观的价值。

因地制宜，本项目得天独厚的自然条件，为设计提供了优质的景观资源。

1／沿街效果图
2／中心景观意向图
3／内院效果图2

阳光岛

占地面积： 50.49hm^2
建筑面积： 23.65万m^2
设计时间： 2008
项目地点： 中国·新乡

项目概况：

　　本案基地位于新乡市南部，占地约757亩，总建筑面积约23.65万hm^2。北临铁路运输线，东临新飞大道，南临朗公庙中街村用地，西临大泉排。地块东西约950m、南北约300m。其中北临青龙路、东临新飞大道、南临朗公庙中街村地块约93亩为五星级酒店用地。交通出行十分便利，但周边的生活配套较为缺乏；同时基地低于周边道路一米左右，雨季容易形成积水，通信光缆和市政水管穿过基地。

设计宗旨：

1. 解决和削弱对本案的不利因素；
2. 充分挖掘本案的有利因素；
3. 产品追求高档而又有新意；
4. 打造一家北美风格五星级酒店。

规划设计理念：

　　基地被青龙路分成南北两地块，通过对入口空间的巧妙处理使南北两地块的入口空间形成呼应，并使规划整体性更强。

　　青龙路以南地块以别墅为主，沿青龙路布置联排，减少噪声污染，在此地块上力图创造一种新的居住模式"岛居"，自由舒展的水系呈"龙脉"，由"景观湖"向别墅区渗透，形成数个形状、大小不一的"岛"、"半岛"。别墅区滨水而建，步移景异，环境优美，创造一种新的居住方式，同时与五星级酒店达到资源共享。

　　青龙路以北地块以双拼、联排为主，基地北侧沿铁路线附近布置洋房，减少铁路对基地的噪声及视线干扰，基地内部以环路为主，同时建筑结合地形布置，形成不同的组团空间，组团之间既独立又相互渗透，内环以内布置双拼，自由水系从中穿过，延续"岛居"模式，达到资源最大化利用。

1／总平面图
2／别墅效果图1
3／别墅效果图2
4／多层洋房透视图

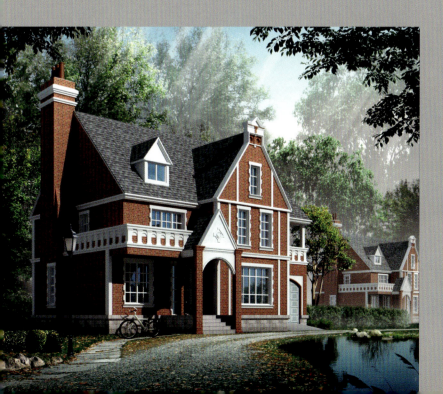

住宅竞赛
放飞生活
——中国创新'90中小套型住宅设计竞赛全国赛区

设计时间：2006
项目地点：中国·河南
奖　　项：全国赛区鼓励奖

　　方案充分吸收事务所十数年住宅设计的深厚经验，结合河南当地居住观念，户型在满足竞赛要求的基础上充分考虑当地实际，立面则大胆创新，体现鲜明的时代性。

　　滔滔黄河赋予中原大地深远的文化特色，本案立面设计简洁而富有变化，规律中又见变化，色彩庄重典雅，材质亲切温暖，追求一种中原大地肌理的意境，体现人与自然的和谐统一，给现代人一个放飞生活的空间。

　　多层一梯三户户型突破传统的一梯二户布局，平面设计紧凑合理，在90m²有限的面积内充分挖掘出适合现代不同类型人居住的空间。

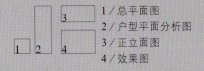

1 / 总平面图
2 / 户型平面分析图
3 / 正立面图
4 / 效果图

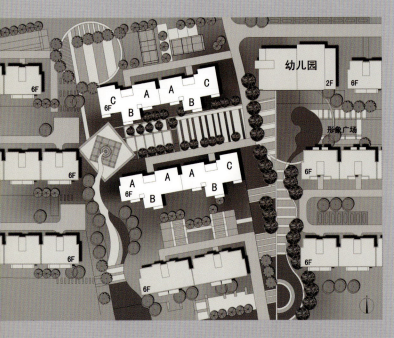

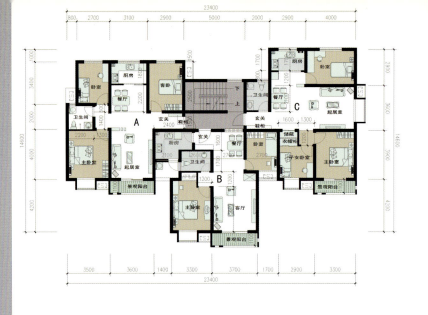

户型组合标准层平面图1

户型组合标准层平面图2

一层平面图

标准层平面图

花样年华之魔方空间

——中国创新'90中小套型住宅设计竞赛河南赛区

设计时间： 2006
项目地点： 中国·河南
奖　　项： 河南赛区第一名

1／效果图
2／平面分析图
3／立面图

《老子》十一章曰：

"三十辐共一毂，当其无，有车之用。埏埴以为器，当其无，有器之用。凿户牖以为室，当其无，有室之用。故有之以为利，无之以为用。"

年轮
——中国创新'90中小套型住宅设计竞赛河南赛区

设计时间：2006
项目地点：中国·河南
奖　　项：河南赛区第三名

对户型的设计考虑现代住宅全寿命周期跟人的动态发展的适应性，将人生不同阶段的生活所面临的不同需要与住宅的全寿命结合，使住宅的空间可以针对需求进行调适，也强调了作为住宅使用者在住宅中的行为所能发挥的积极作用。户型设计，在较小的空间中，合理而紧凑地分配空间，明确动静分区，使得动态活动区域,例如起居厅与餐厅的结合,以及小空间也拥有通透的空间感受，使人感觉舒适。其中A户型餐厅与生活阳台的结合设计使得这个空间能够演变成多种个性空间，例如家务室、茶室、工人房等，剪力墙结构的设计可使卧室与书房的空间连通，住户可以根据个性需要自由组合，一种户型即可满足人对住宅需要的多样性。入口玄关过渡空间的设置提高入户的舒适感。盥洗间考虑人回家后的行为，设置在离入口较近的位置并与厨房相结合，以符合人的实际生活习惯，流线合理。B户型的设计与A户型同样体现了户型的可变性，就像树木的年轮一样，增添新的年轮，变化新的空间。

建筑形象力求做到"简"、"净"、"素"、"雅"来对应90平方米户型紧凑简洁的需要。"简"：简洁，该建筑立面以三个体块的对比穿插勾勒出建筑的大致形体，又以三者在体量尺度及比例的协调处理使建筑达到典雅独特的效果。"净"：干净。建筑除功能所需外没有附加多余的装饰构筑物。通过平面本身的凹凸关系，以及阳台、窗在立面上的穿插与虚实对比完成了建筑整体形式的表达。"素"：朴素。"雅"：雅致。建筑以深灰、白为主调，以红色为点缀，给人以淡而不俗，雅而不媚的建筑气质。建筑形式朴素，色彩明朗大气，以求创造出一种现代人住宅审美的新需求，也是对中原文化及其性格的一种含蓄表达。

1／立面图
2／效果图
3／平面分析图

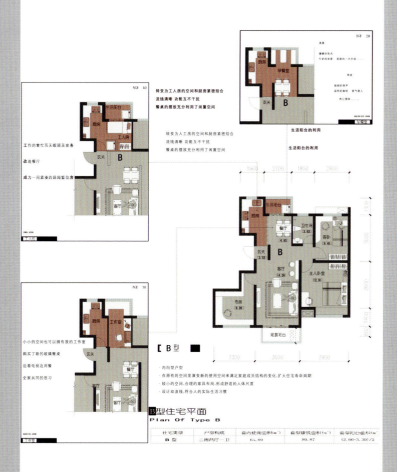

脸谱
——中国创新'90中小套型住宅设计竞赛河南赛区

设计时间: 2006
项目地点: 中国·河南
奖　　项: 河南赛区第四名

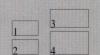

1/剖面、侧立面图
2/南立面图
3/平面分析图
4/效果图

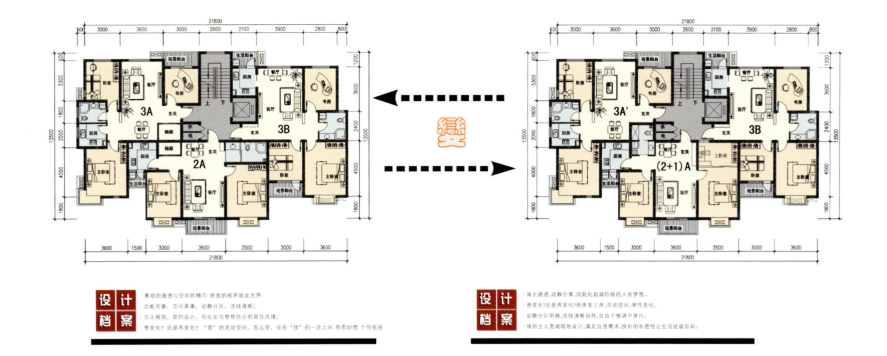

设计档案
- 景观的通透与空间的精巧 使我的视界就此无界
- 功能定置，空间紧凑，动静分区，流线清晰；
- 方正格局，简约设计，创生出与梦想结合的居住风情；
- 想变化？还是再变化？"我"的灵动空间，怎么变，全在"我"的一念之间 奇思妙想 个性张扬

设计档案
- 南北通透,动静分离,成就处超越阶极的人居梦想。
- 想变化？还是再变化？两房变三房,灵动空间,弹性变化。
- 动静分区明确,流线清晰自然,自由于格调中穿行。
- 保持主人宽阔领地设计,满足自我需求，良好的私密性让生活进退自如。

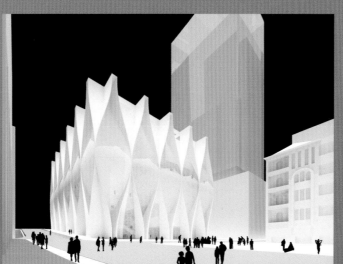

公建篇
PUBLIC BUILDING

红旗渠博物馆

占地面积： 30hm²
建筑面积： 10120m²
设计时间： 2008.06
项目地点： 中国·安阳

地理位置：

位于东经113°37′~114°04′，北纬35°41′~36°22′，太行山南段东侧的林州市境内，地处晋、冀、豫三省交界处的太行山麓林虑山风景名胜区。距国家历史文化名城"七朝古都"安阳仅50km。项目地址所在地是任村镇与姚村镇交界处的红旗渠分水苑，红旗渠的总干渠在此分成两条干渠，一干渠在合涧镇与英雄渠汇合，二干渠向东流向林州市横水镇。

地形地貌：

林虑山属于太行山断块的东侧边缘，由于受到地壳构造运动的影响，区内以断裂切割的块状构造为特征，断层发育升降不均匀，峰峦叠嶂，沟壑纵横，总的趋势为西北高，向东南逐渐倾斜。西部山区海拔1000~1600m，南北两端山区海拔700~1000m，中部山区海拔400~600m，最高点四方垴山头海拔1632m。北、西、南部高山绵亘，东部山势平缓，断续分布。

1／林州市区位图
2／基地区位图
3／卫星区位图
4／总平面图
5／现状照片

项目背景：

20世纪60年代，林州人民为改变穷山恶水的生活环境，以"重新安排林县河山"的豪迈气概，苦干十年，凭着一锤一双手，逢山凿洞，遇沟架桥，削平1250座山头，凿通211个隧洞，架设512座渡槽，在太行山的悬崖峭壁上，建成了长达1500公里的"人工天河"红旗渠。周恩来总理曾十分自豪地对国际友人讲："新中国有两大奇迹，一个是南京长江大桥，一个是林县的红旗渠。"

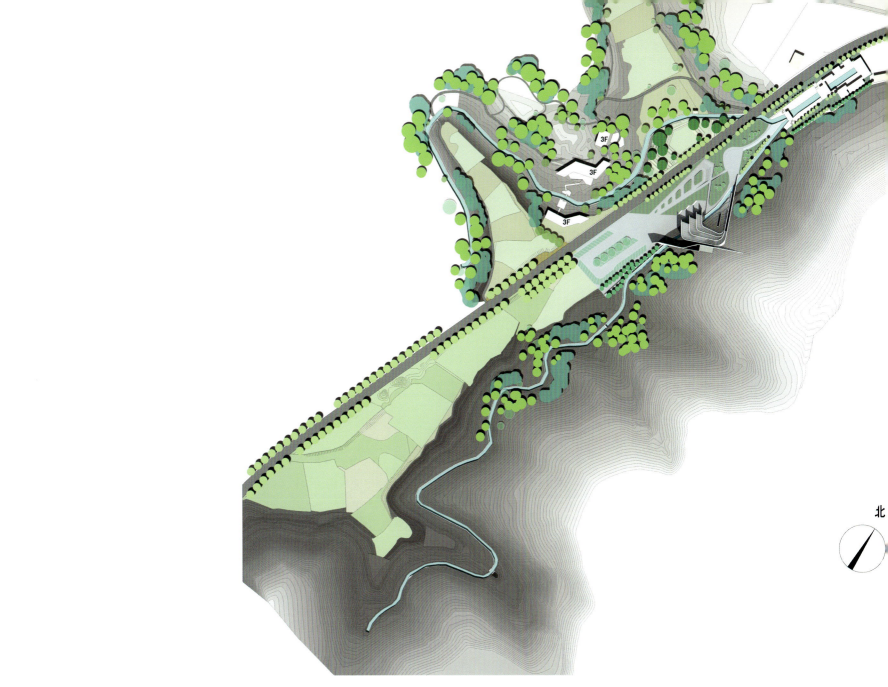

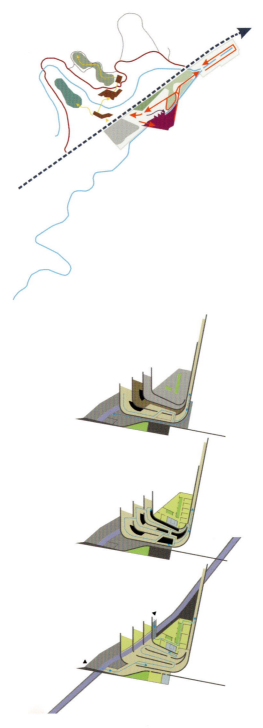
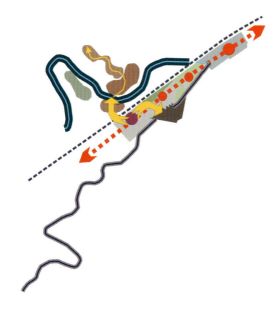

1	2		7
3	4		
5	6	8	

1／交通分析图
2／景观分析图
3／功能流线分析图
4／功能分析图
5／景区现状照片
6／博物馆局部空间设计
7／建筑概念分析图
8／建筑形态与基地关系图

起伏的自然山体形态始终存在波形的张力,与人工天河红旗渠形态的重叠,重新诠释了看似矛盾的"双重观念"。通过形态的重叠,无形的形态进一步有形化,隐遁变为显现。建筑的形态更加明晰、延续、融合,像一个枝形树状结构自然生长。

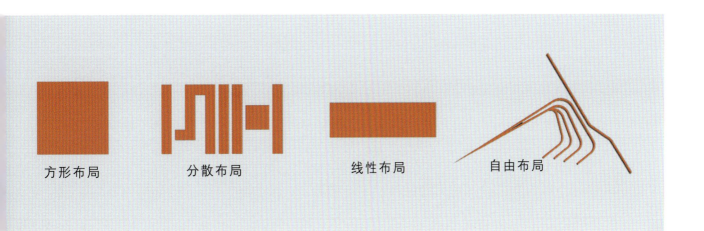

规划设计意向：
　　整体规划结合红旗渠环境特点，历史文化，人文情愫，以及规范法规的各方面要求，通过整合、提炼、协调，形成了以下几个系统：
　　生态系统：博物馆建筑成为一个具有生物气候特点的"活性机体"。公园成为一个旅游文化资源。
　　历史系统：革新并与历史存在相联系，以便保证场所的历史价值和特性。
　　文化系统：博物馆作为文化的通道，提出艺术、文化、教育、生态话题。
　　交流系统：博物馆作为一个社团场所，具有加强交流和互动的功能。
　　娱乐系统：一个综合体，可以为文化场所注入活力。

设计构思：

红旗渠精神作为时代的象征，作为自力更生、艰苦创业、团结协作、无私奉献的精神源头，得到了社会各界的肯定。目前，传达这种精神最重要的载体就是人工天河——红旗渠，它犹如一条蓝色的飘带出现在地球上。博物馆建成之后也会成为一个窗口，通过这个窗口，无形的精神可以进一步有形化，隐循变为显现，世人可以通过这个窗口了解、认识这种精神和这个地区。因此，博物馆和红旗渠之间要有很好的融合、互动。

设计概念：

在方案规划设计中尽量保留其独特的自然风貌，同时将博物馆依靠东山向自然景观开放，为参观的人们提供了全面的体验。

博物馆重新诠释了看似矛盾的双重观念（如：自然和人工，重和轻，阴影和光线）。以一种谦虚的姿态嵌入山体中，表达对原始的自然景观和老馆的尊重。起伏的山体形态始终存在着波形的张力。经过压缩，扭曲和重组，博物馆和自然景观的线条更加明晰、延续、融合，更进一步加深了参观者对自然景观和博物馆的体验，游览的过程将成为有意义的发现体验之旅。再结合建筑周边的自然景观（比如：结合独特的地形设定的蜿蜒小路，自然环境与气候的变化等），每次参观必然有新的收获。

博物馆建筑作为一种景观，是一种大景观系统的自然延展。建筑自身的三条曲线与红旗渠的自然曲线很好地结合。水渠成为了建筑空间的重要组成元素，通过这个元素，自然而然就可以将观者的行为、体验、感受等与建筑自身很好的结合，产生有趣的互动性。同时，因为人的介入，建筑不再是冰冷的构筑物，而是成为有感情灵性的容器，对红旗渠精神的传达不言而喻。

1／博物馆透视图
2／博物馆俯视图1
3／博物馆俯视图2

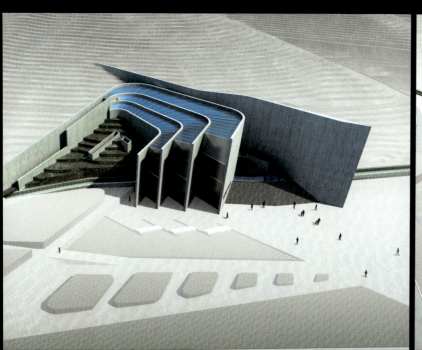

1996年6月，中共中央总书记、国家主席江泽民视察红旗渠，对红旗渠精神进行了高度的评价"红旗渠是一个典范，它体现了'自力更生、艰苦创业、团结协作、无私奉献'的可贵精神，不仅是林州的、河南的精神财富，而且是整个国家和民族的精神财富"。并亲笔题词"发扬自立更生，艰苦创业的红旗渠精神"。四十多年过去了，红旗渠水利工程不仅发展为知名的旅游景区，而且由此形成的红旗渠精神，影响和激励着几代人，成为中华时代精神的强音。

新博物馆的设计将红旗渠的老馆及环境合二为一，不仅向游客展现了这个地区的历史，而且诠释了红旗渠的历史进展和自力更生、艰苦创业的精神。设计保留了原始入口广场环境和教育展品之间的紧密联系，使其成为参观流线的空间节点，为参观者提供了方向，成为引导参观者去老馆的途径，用迂回的路径来塑造一系列重叠的路线，创造出与生态环境和红旗渠精神的主题相对应的文化点。

设计以展现红旗渠精神为主题，结合周边环境状况，以及当地的历史文化背景，突出了"历史、融合、共生、互动"的主题，满足作为红旗渠博物馆所表达的物质和精神特质。红旗渠博物馆造型寓意红旗飘动的形态，墙体的重复寓意了红旗的飘逸折叠状态，平面弧线更是自然状态的完美表达。

1／博物馆透视图3
2／博物馆透视图4
3／博物馆入口透视图
4／博物馆立面剖面图

空间属性分析：
　　内部空间布局体现了对红旗渠的理解与建筑空间美学的表达，从功能出发赋予建筑丰富的空间类型和大气的尺度，又使各部分功能各得其所，自成体系。明确的空间导向性，清晰可见；空间内外、上下互相流通，反映出过渡空间的特点。中庭的通透使空间具有流动性和复合性。利用不同的中庭穿插与垂直划分造成诡异的室内空间效果，使其达到空间上对红旗渠精神的深刻理解。

1／室内透视表现图1
2／室内透视表现图2
3／室内透视表现图3
4／室内透视表现图4

深化方案

1/深化方案鸟瞰图
2/深化方案主入口透视图
3/深化方案北侧透视图

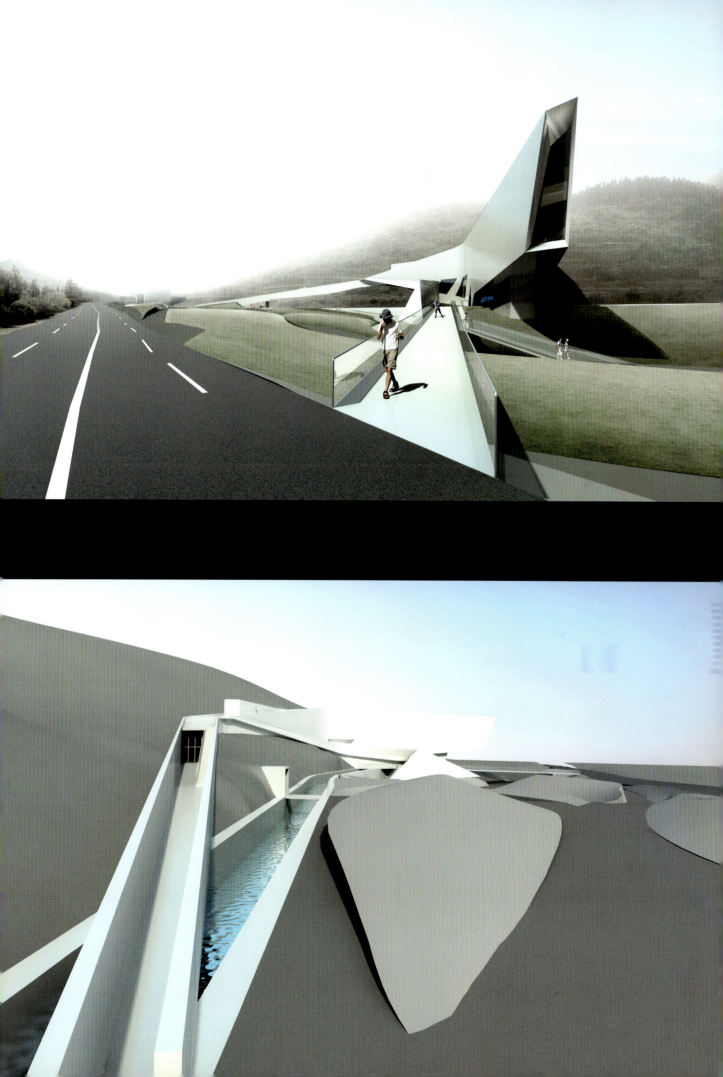

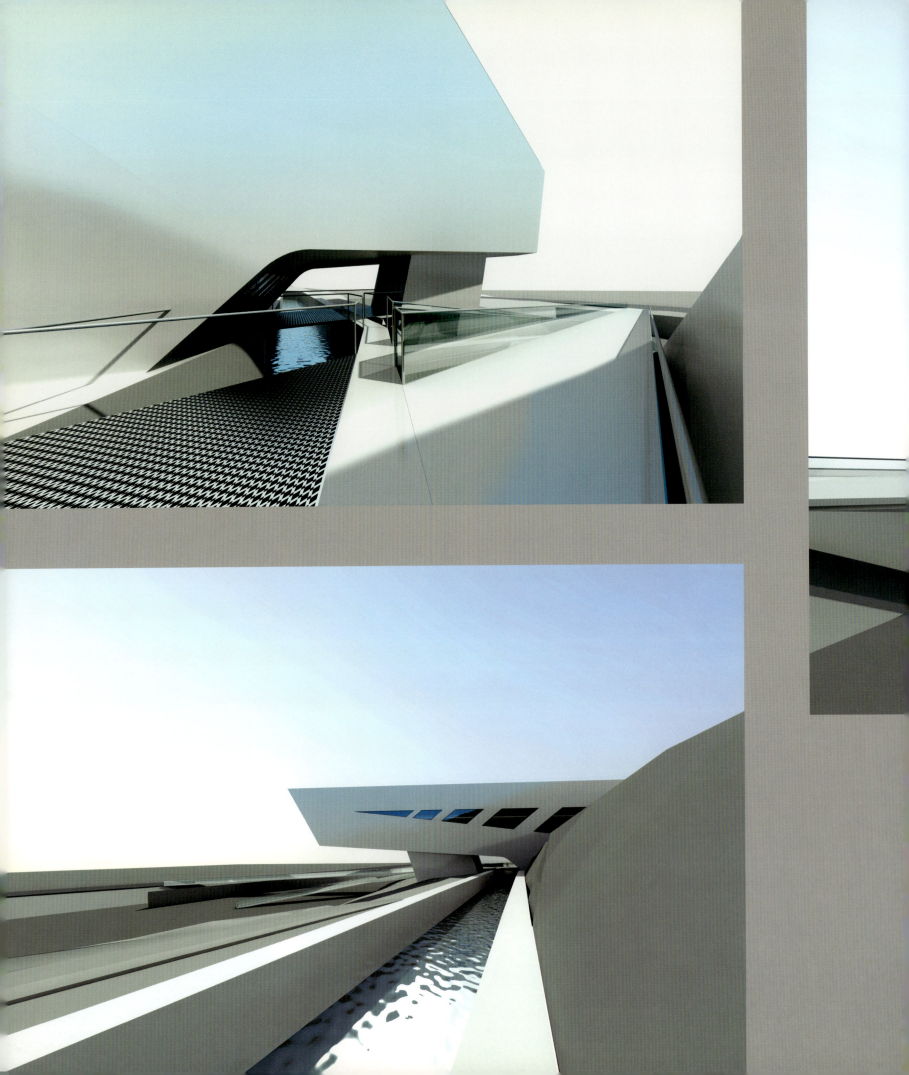

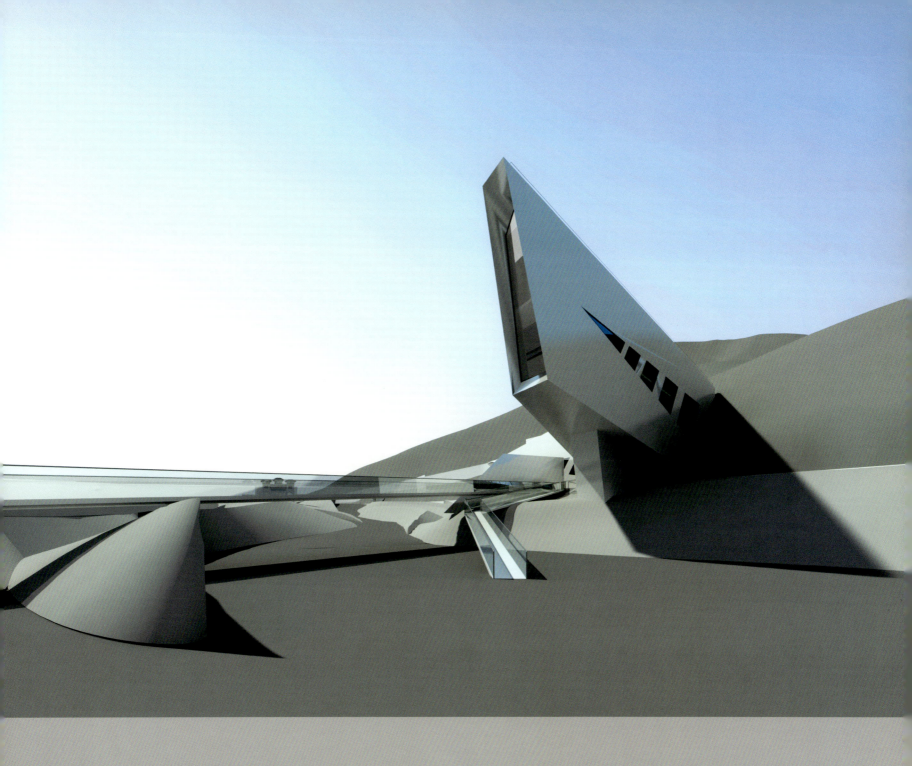

1／深化方案局部透视图
2／深化方案南侧透视图
3／深化方案低视点局部透视图

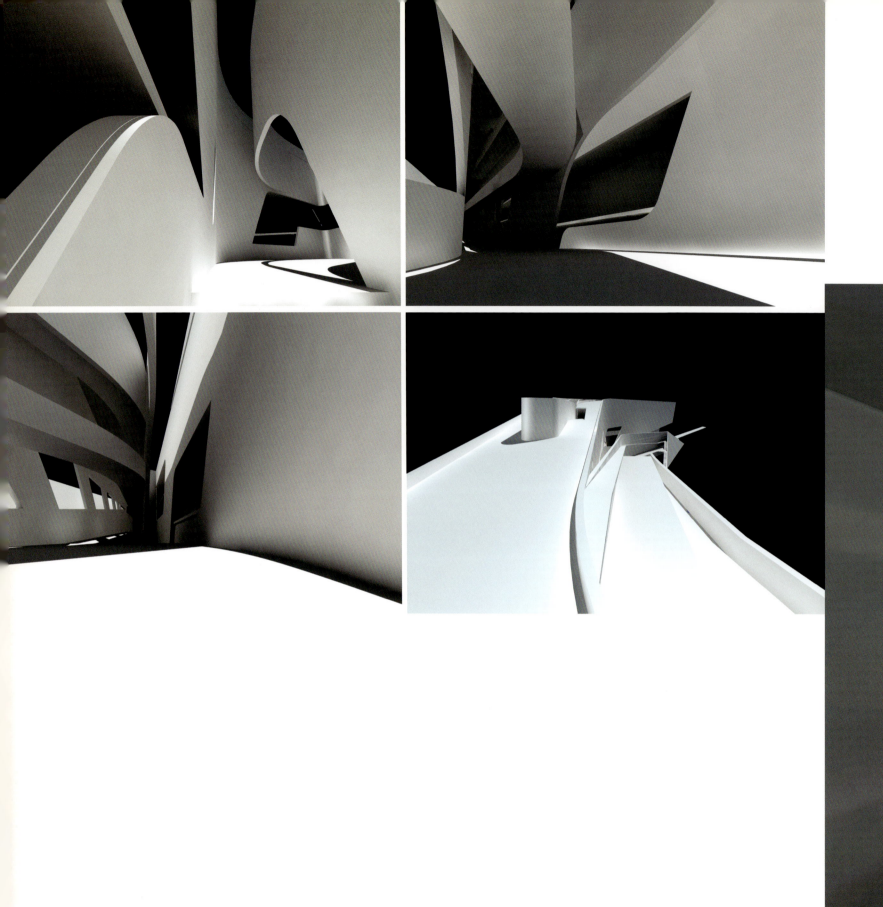

1／深化方案局部空间表现图1
2／深化方案局部空间表现图2

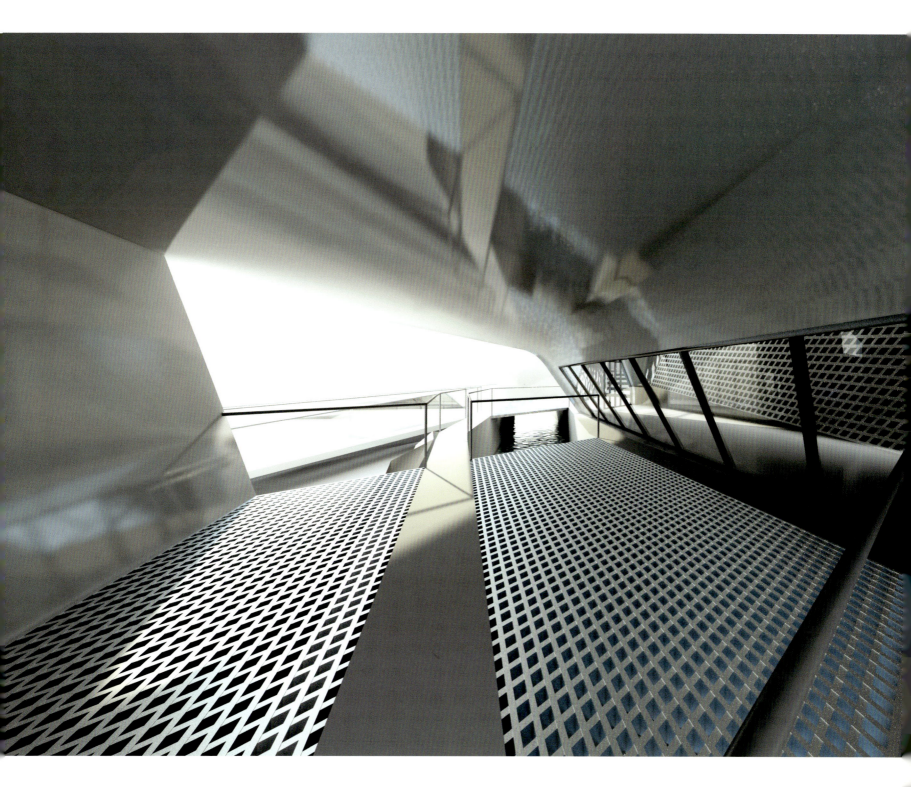

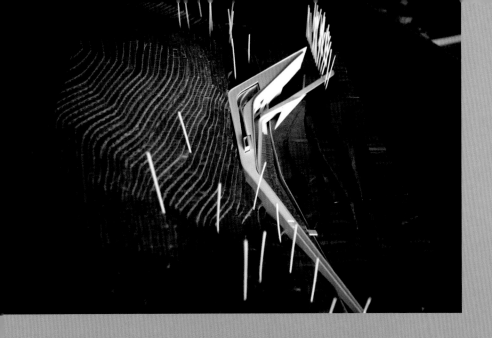

深化方案工作模型

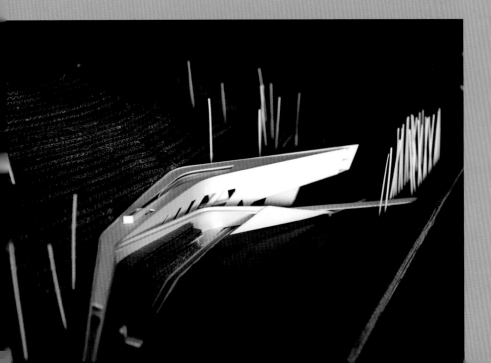

1／北视角工作模型照片
2／南视角工作模型照片
3／西南视角工作模型照片
4／西视角工作模型照片
5／西北视角工作模型照片

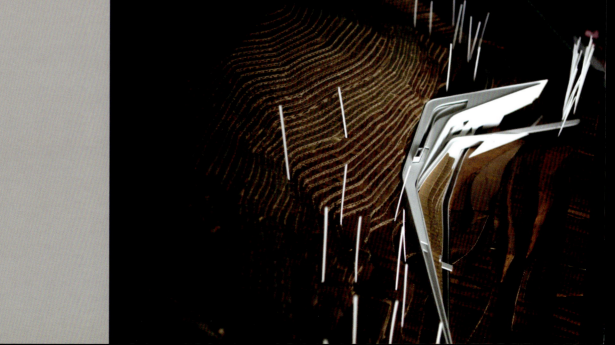

商城遗址博物馆

占地面积： 3375.87m²
建筑面积： 3129.27m²
设计时间： 2005
项目地点： 中国·郑州

河南地处中华腹地，省会郑州是一座古老的城市，曾有夏、商、西周管国、春秋郑国、战国韩国五朝为都，隋、唐、五代、宋、金、元、明、清八代为州，拥有深厚的历史文化积淀。

本案基地位于郑州市塔湾路与东里路交叉口，北侧临近有3500年历史的商城北城墙遗址，东沿东里路接城东路，西沿东里路通紫荆山路，东西宽80m，南北宽42m。周边环境优美，历史、文化氛围浓厚，交通便利。

商代以青铜器而闻名，青铜器又尤以鼎最为精湛。商城遗址博物馆，它不仅要与商城城墙遗址共同承担展示和传播省会郑州乃至中原地区悠久历史文化传统的重要教育功能。

更要能够从深层次上传承和发扬中华文化的精髓，体现建筑与时俱进的时代精神；不仅要从整体形象上尊重历史、反映历史，更要超越历史而赋予建筑以独特的现代性。

建筑主要功能放在基地西侧，以研究、展览（主要陈列商代人头骨化石）用房和走廊作四面围合式布局，在内部形成宁静、含蓄的内院景观，徜徉于内院走廊的人们可以尽情呼吸内院清新的空气，辅助办公用房置于基地东侧，由次入口和独立的内院进入，同时又通过消防通道与主要功能区相联系。

建筑造型以商代的青铜"鼎"为意向，收分墙体及传统坡屋顶的运用，强调了建筑整体古朴、厚重的造型特征，尊重和呼应建筑所处的历史文化环境，简洁、大气的外立面设计以及内敛、含蓄的细部处理，更赋予建筑以独特的时代特征。

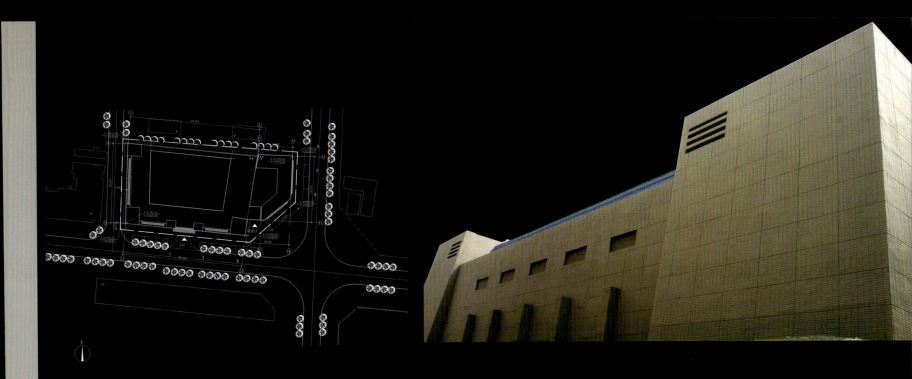

1／主入口效果图
2／总平面图
3／建筑实景照片(局部)
4／博物馆效果图

SUNRISE文化交流中心

占地面积: 2800m²
建筑面积: 1600m²
设计时间: 2007
项目地点: 中国·开封

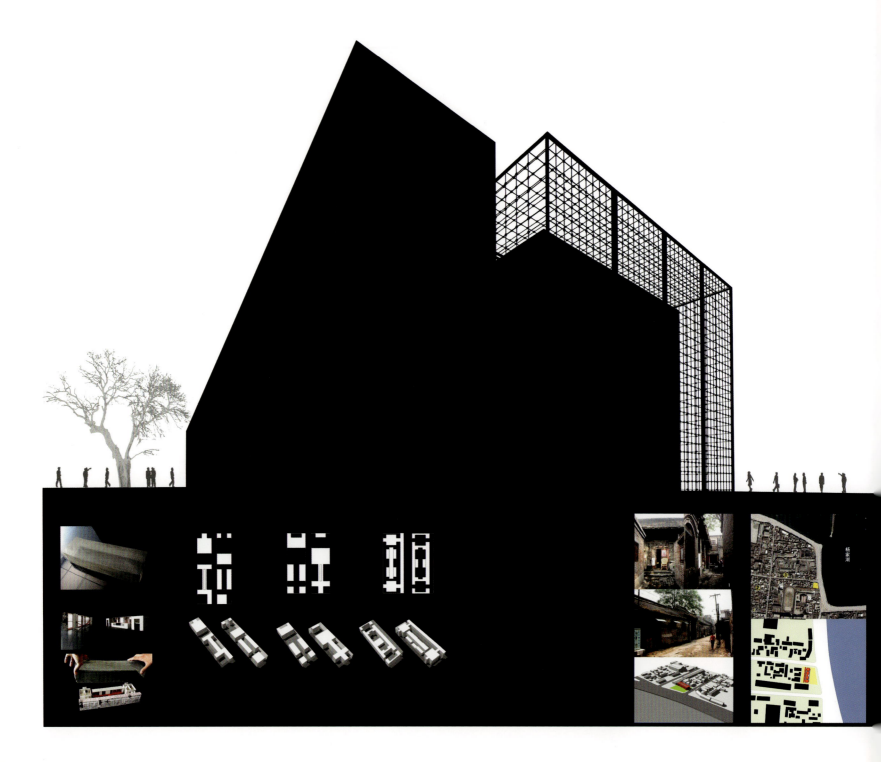

宅院空间的黑白翻版：

建筑的室外空间是建筑组合关系形成的。单一的建筑只有外部环境，没有室外空间。传统宅院自成院落，院落由建筑以外的空间加上围墙自然形成。室外空间的形状取决于建筑物留出空间的闭合程度和建筑边界的凸凹情况。因此在传统宅院中室外空间形状的完整、大小与建筑布置占有同样重要的位置。

传统宅院垂直、内向空间的继承和村落式城市：

设计概念的切入点，通过将传统建筑宅院空间的平面黑白翻版，进行移植和再定义。组合成方案的"内院"空间，虚实相生。方案继承了传统庭院垂直、内向空间和场所的特点，作为设计的空间元素。通过肯定的分界来适度隔离"内"与"外"，创造出"内"、"外"空间的差异，从而保护建筑的内部空间领域，并对外部环境进行筛选。同时，将带有通道的天桥和庭院垂直空间相联系，作为"城市气管"将城市和建筑紧密地连接起来。

多功能的金属网透明外壳和传统材料的"非建筑性"：

通过从被各个实体与虚体所包围的小小的庭院空间，运用"双重"处理手法；透过半透明金属网的景观创造了宁静的"内向"空间环境。设计的目标使其隐藏邻里区域、过滤周边环境，通过半透明金属网外壳与周边环境相接，使建筑被赋予城市的肌理形态，进而达到强烈的呼应效果。

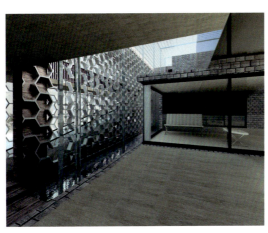

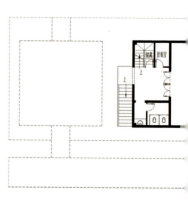

地下一层平面图

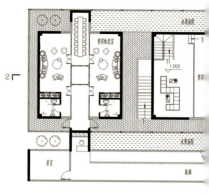

一层平面图

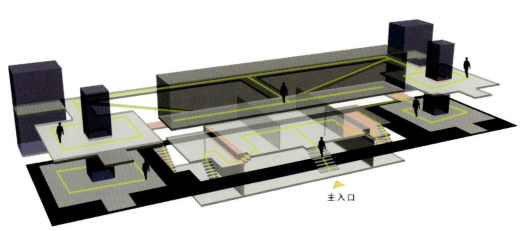

流线分析图

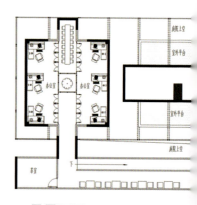

二层平面图

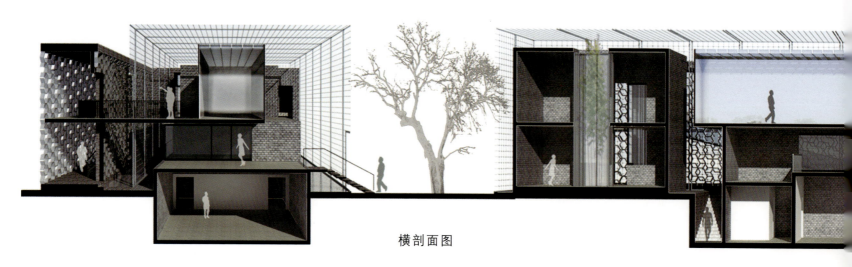

横剖面图

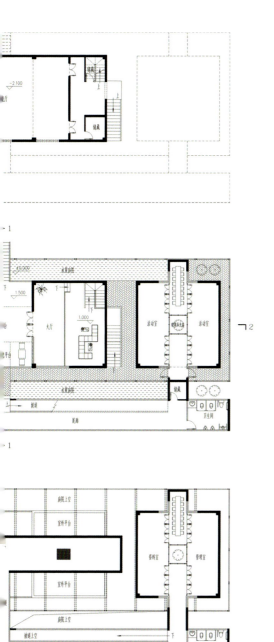

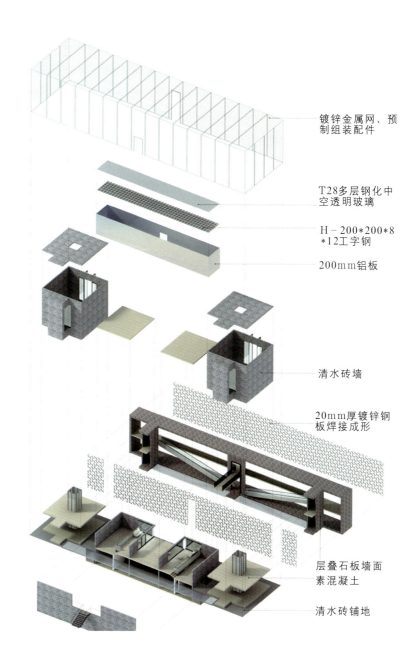

镀锌金属网、预制组装配件

T28多层钢化中空透明玻璃

H-200*200*8*12工字钢

200mm铝板

清水砖墙

20mm厚镀锌钢板焊接成形

层叠石板墙面 素混凝土

清水砖铺地

组成解析轴测图

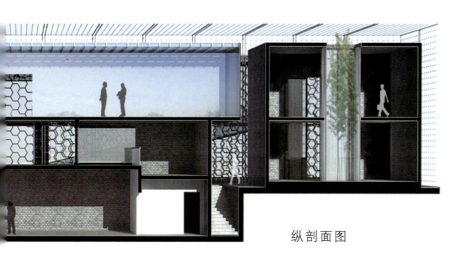

纵剖面图

长安俱乐部

占地面积: 4000m²
建筑面积: 9881m²
设计时间: 2007
项目地点: 中国·郑州

一、概况

　　本项目位于郑东新区龙湖南区天韵街与天瑞街交叉口西南角，基地大致呈方形。地理位置优越，环境优美。

二、项目定位

　　利用其优越的地理条件和周边良好的经济发展形式，建一座集餐饮、洗浴和酒吧于一体的顶尖级豪华CLUB，发挥其最大价值，创造新的外部形象。

三、设计构思

　　该项目由于受该地区的建筑高度24m限制，做地上5层，地下1层。沿天韵街和天瑞街为建筑主体，三项主要功能空间相互独立又可贯通，分区明确，流线清晰品质高。

　　在空间形态上，根据平面功能分为几个体块交错布置，通过玻璃幕墙连成整体。且根据甲方要求，创新的借鉴欧式和中国古建筑的手法，加入独特的建筑构件形式，力求做到中西合璧，传统和现代相融合。同时也是对建筑形式的一种创新和探索，既体现出其独有的个性，又要结合市场的要求，做出统一和谐的建筑。

1／总平面图
2／效果图
3／一层平面图
4／交通分析图

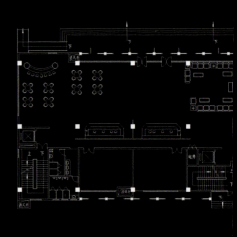

中国移动河南公司郑州分公司高新区通信枢纽楼

方案一

占地面积： 2.08hm²
建筑面积： 5.5万m²
设计时间： 2008
项目地点： 中国·郑州

现状条件及周边环境：

中国移动河南公司郑州分公司高新区通信枢纽楼项目用地位于郑州高新经济技术开发区开发范围内，建设用地面积20843.06m²（约31.27亩），基地为狭长用地，北临城市次干道玉兰街，东临城市主干道长椿路，南侧为正在施工的火电一公司约11层的高层办公楼。西北约400m处为郑州大学新校区，北约300m处为高新区主要干道科学大道，周边交通便利，方便快捷，项目紧邻大学城，学术氛围浓郁。

立意构思：

基于兼具客服办公、生产机房等配套功能，对周边环境、基地、建筑性质等进行分析之后，从挖掘移动企业文化内涵、分析建筑功能特征着手，抽取其精髓，引入象征信息高速的"双核"概念，使其建筑化,运用于建筑群体之中，通过使之倾斜和加强竖向线条的处理使其整体效果更具力量感和速度感，体现出移动信号服务的快速化，由于"双核"穿插于两形体之间，又体现出移动信号服务快速中的稳定性。在总图布局中利用建筑形体错位和多达约37m的退红线，很好地规避了南侧高层建筑对客服办公部分的视觉、卫生、日照、空间压抑等消极影响。整个建筑群体的夜景效果也同样融入了移动企业文化特征，通过"双核"部分空间竖向线条上镶嵌流动灯带的夜景处理，不但使其具有区域内的昭示性效果，更体现了移动信号服务24小时的高速稳定运行。

信息、技术

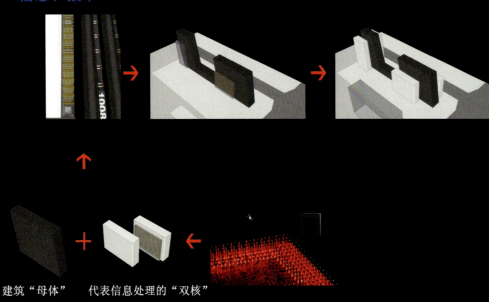

建筑"母体"　　代表信息处理的"双核"

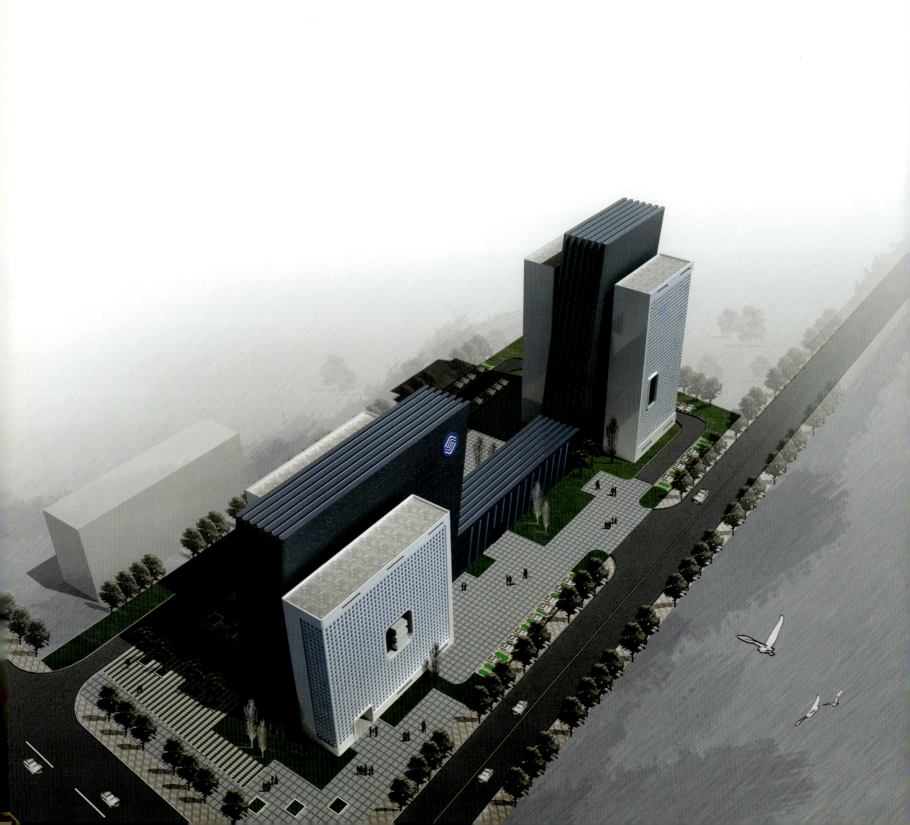

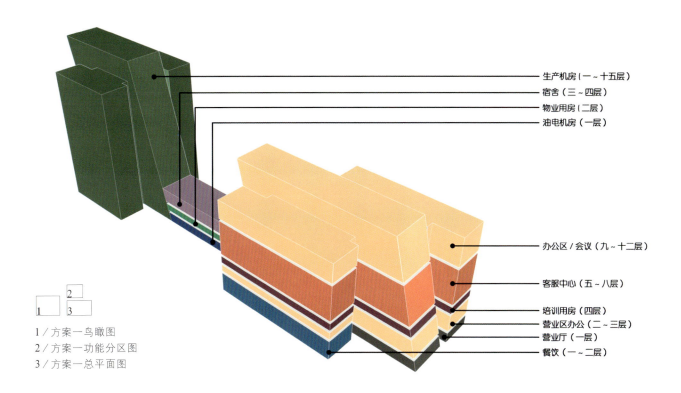

- 生产机房（一~十五层）
- 宿舍（三~四层）
- 物业用房（二层）
- 油电机房（一层）
- 办公区／会议（九~十二层）
- 客服中心（五~八层）
- 培训用房（四层）
- 营业区办公（二~三层）
- 营业厅（一层）
- 餐饮（一~二层）

1／方案一鸟瞰图
2／方案一功能分区图
3／方案一总平面图

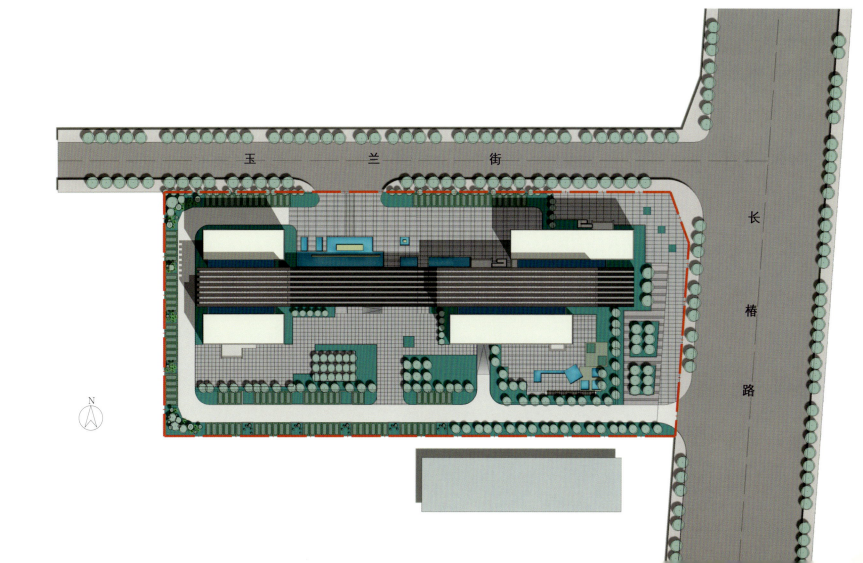

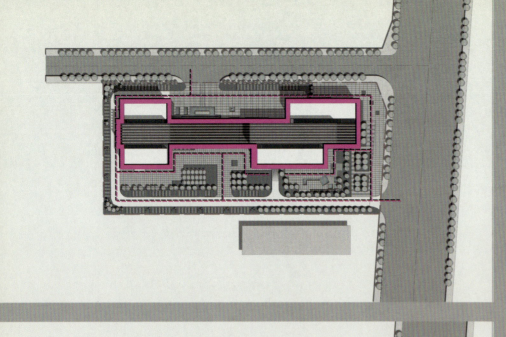

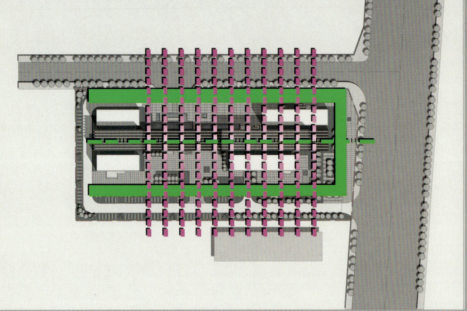

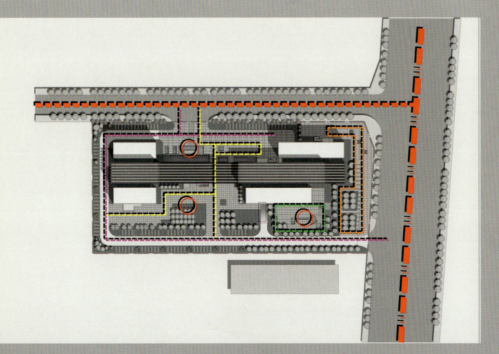

1/方案一消防分析图
2/方案一景观分析图
3/方案一交通分析图
4/方案一效果图1
5/方案一效果图2
6/方案一立面图

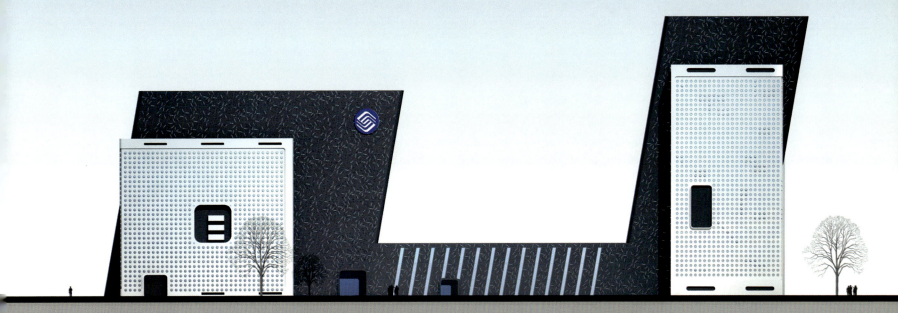

方案二

占地面积： 2.08hm²
建筑面积： 5.5万m²
设计时间： 2008
项目地点： 中国·郑州

设计理念：
　　建筑设计试图创建一种综合性的工作环境，以此鼓励和支持员工们的工作，除了满足单个工作空间对独立性和综合性的要求，办公楼中还提供了一系列的社交场所。经过分割的走廊、共享空间、垂直交通区域甚至大空间的屋顶平台，不仅可以作为社交空间，而且会完全成为人们日常生活的核心区域。设计任务书确定四个功能部分：生产机房，电力物业，客服中心和营业办公四个功能要素，排列在连续曲折的建筑带上，整个建筑带有一种有序的、以庭院为中心的逻辑，蜿蜒在南北97m东西211m的空地上，并且以自身的谦虚姿态，来回避南面在建中办公楼所带来的视觉压力。

1／方案二效果图1
2／方案二效果图2
3／方案二鸟瞰图

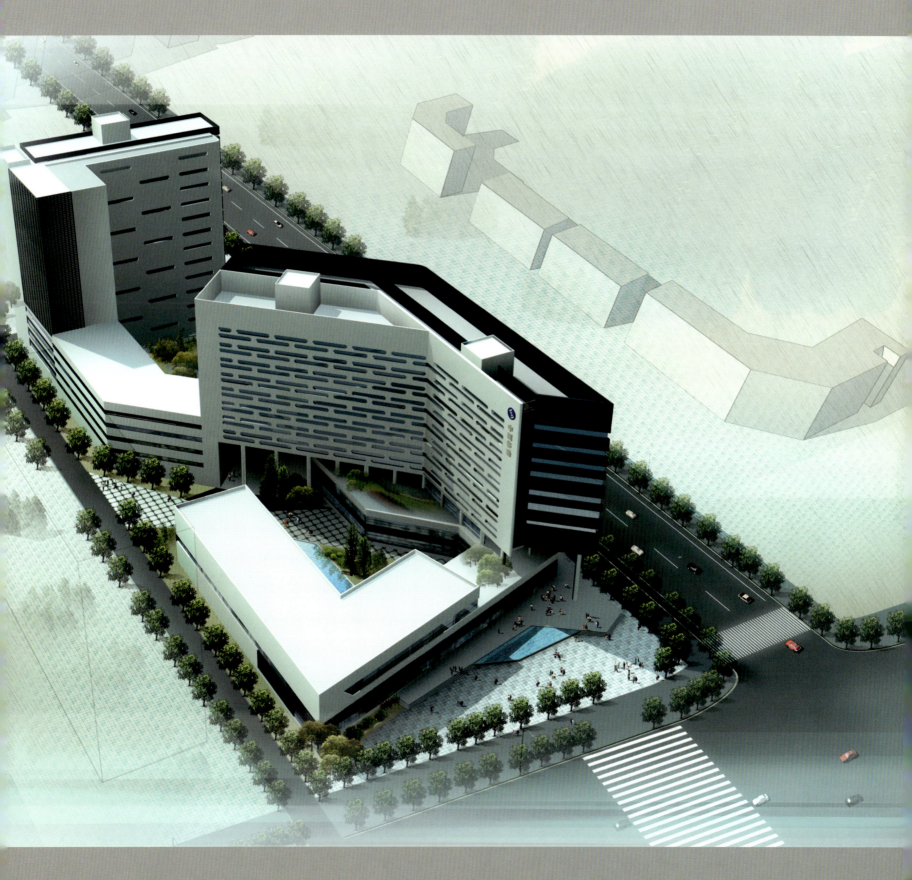

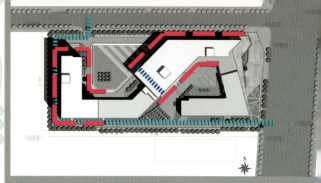

1 / 方案二首层平面图
2 / 方案二消防分析图
3 / 方案二总平面图
4 / 方案二北立面图
5 / 方案二南立面图

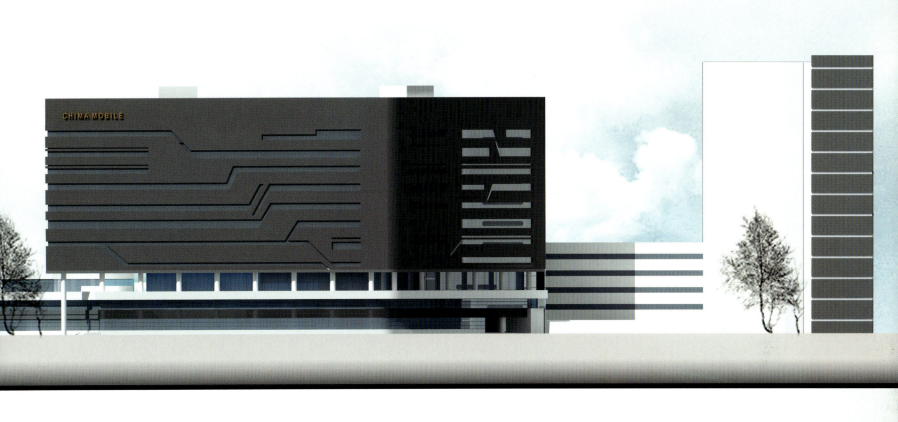
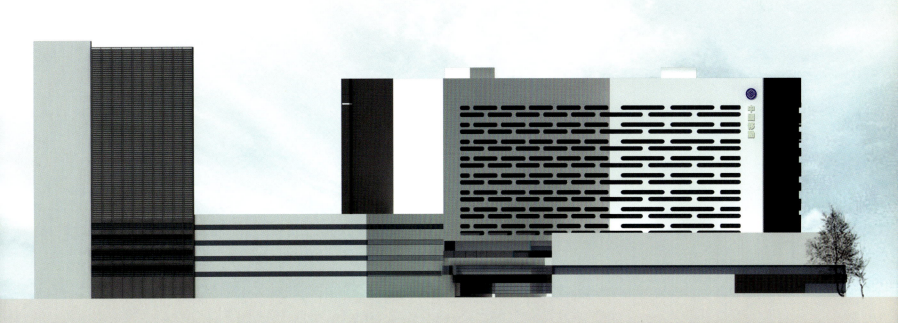

天明·国际广场

占地面积： 1.33hm^2
建筑面积： 4.9万m^2
设计时间： 2007
项目地点： 中国·郑州新东区

规划设计坚持整体性、文化性、经济性和可操作性的设计原则。结合现代城市文化及酒店经营，塑造出全新的建筑风格，体现人文与自然、时间与空间的对话。结合建筑体量，主体以竖向线条为主，形成简洁大气的外观。办公楼与商业互为协调，通过一种另类的竖向点线组合，为建筑带来一种梦幻色彩，通过这种昭示作用，完成整个建筑造型的高品位效果。

1／效果图
2／总平面图
3／鸟瞰图

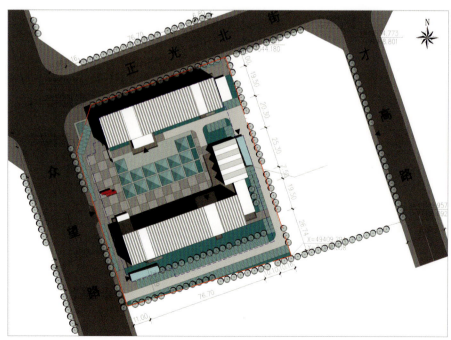

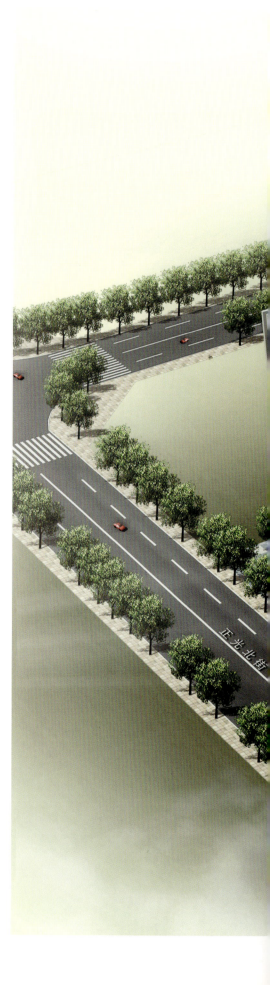

阳光岛五星酒店

占地面积： 9.71hm²
建筑面积： 6.77万m²
设计时间： 2008
项目地点： 中国·新乡

项目概况：

本案基地位于新乡市南部，占地9.71hm²，总建筑面积约67695m²。北临青龙路，东临新飞大道，南临朗公庙中街村用地，交通出行十分便利，但周边的生活配套较为缺乏；同时基地低于周边道路一米左右，雨季容易形成积水，通信光缆和市政水管穿过基地。

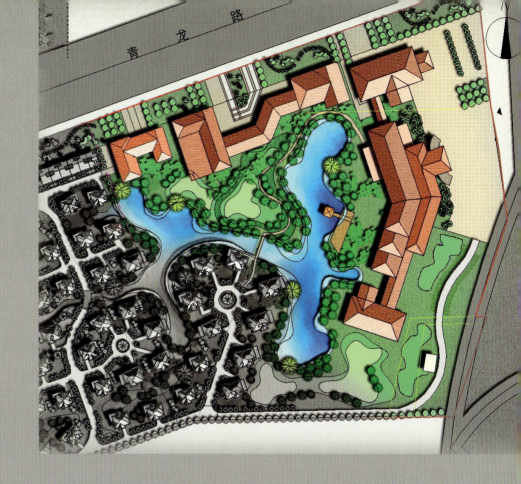

1／鸟瞰图
2／总平面图
3／效果图

天明·企业孵化中心

占地面积： 2.33hm²
建筑面积： 11万m²
设计时间： 2007
项目地点： 中国·郑州新东区

现状条件及周边环境：
　　项目用地位于郑东新区开发范围内，基地北临城市主干道金水东路及20m城市绿化带，西临次干道心怡路，西北约400m处为东风东路与金水东路城市立交桥，东北约1000m处为新107国道及未来新火车站，周边交通便利，方便快捷，随着郑东新区开发步伐的快速推进，区位优势尤其显著。

立意构思：
　　孵化园区规划布局充分挖掘地块的特殊基地优势资源，基于兼具商务办公、商业、金融、娱乐休闲配套等功能，建筑群体形象寓意"企业成功之门"，平面结合其特殊基地形态以大曲线"Z"字形平面布局展开，中间透空取"门"，通过"门"的视觉延伸出两座遥相呼应的80m高塔楼，整个建筑群平面形态自然流畅。建筑与景观空间有机融合，适合现代高端企业进驻，树立城市新的高档综合区的高端价值定位，在规划布局、景观、建筑形态设计等方面给予了充分的挖掘和演绎，用心打造建筑、景观、人文和谐共生，体现国际化趋势的现代公园式综合区，塑造和提升整体区位价值。

规划布局：
　　项目结合地块特征，整体平面划分为两座塔楼、一座大"Z"字形板楼布局，形成既整体联系，又相对独立的功能区域，塔楼建筑均为22层的高层（高度≤80m），大板楼建筑为17层的高层（高度≤60m），金水东路上设商务办公形象主入口及车行辅助入口，心怡路上设办公区机动车出入口，两座塔楼与大"Z"字形板楼东西翼各形成自成体系的院落空间办公出入口，加强其空间归属感。整个建筑群对金水东路城市绿化带作了较大的空间退让，既创造了和谐、宜人的办公区前导景观空间，又与城市空间形成良好的衔接、过渡，同时大"Z"字形板楼独特的平面及造型设计，有利于塑造富有特色、可识别的区域形象。建筑群体底层设有配套中心，内部设有完善、现代的休闲、娱乐、健身功能，服务于整个区域，也成为体现区域品位与价值的重要功能节点。

1／周边环境分析图
2／模块示意图
3／建筑效果图

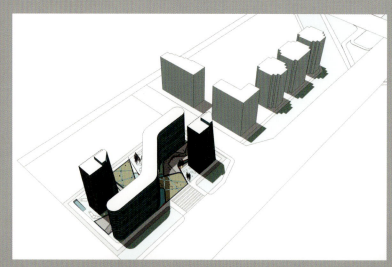

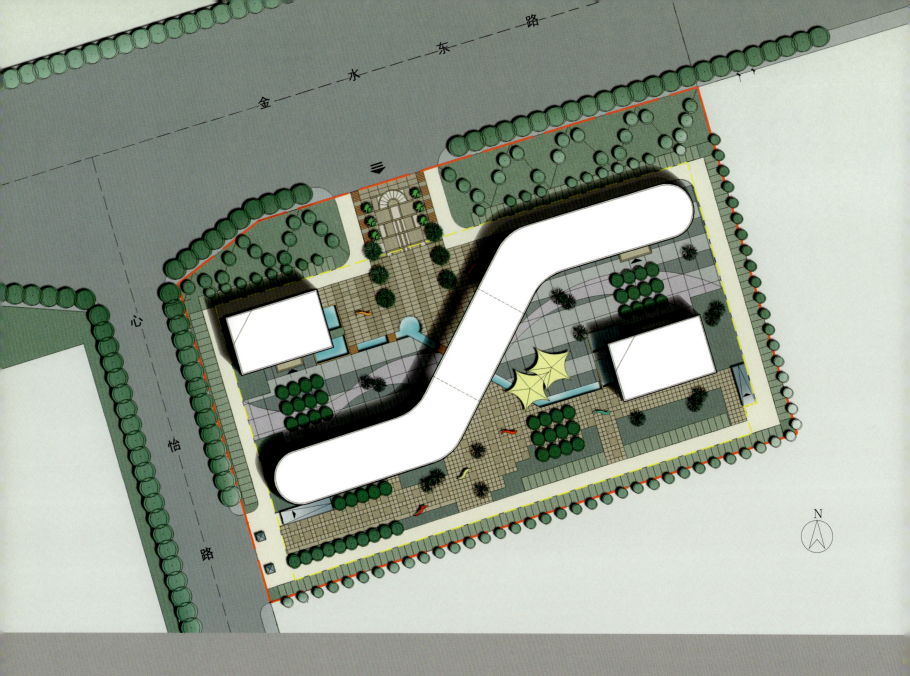

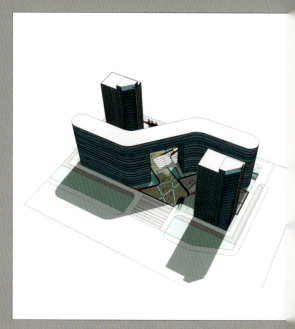

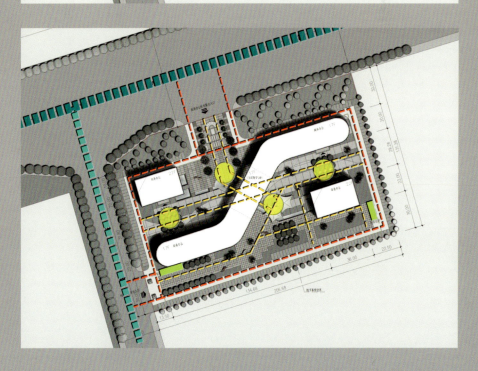

1／总平面图
2／空间形态分析
3／景观分析图
4／消防分析图
5／交通分析图

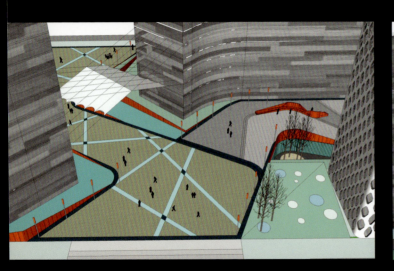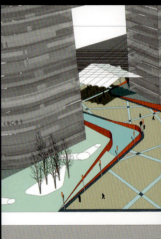

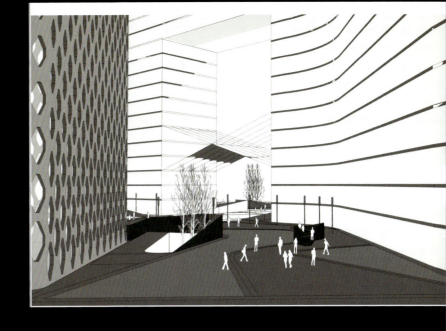

1／建筑效果图
2／空间形态分析图1
3／空间形态分析图2
4／建筑立面效果图

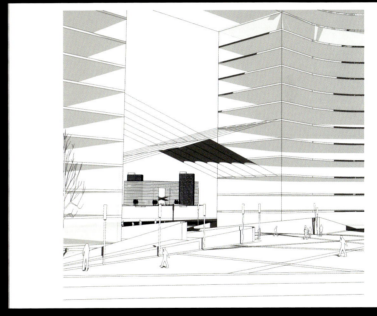

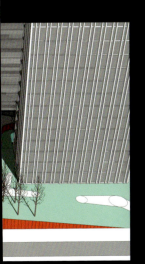

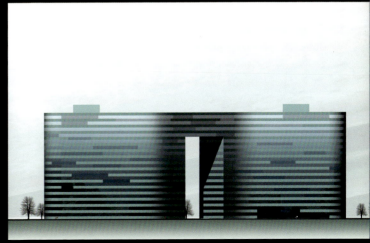

规划以空间的围合，象征催化企业健康成长的"巢"。中心景观以"绿色"、"巢"、"成长"为基本主题，围绕半地下会议中心，形成空间上层层剥离的特色。建筑设计紧扣"巢"的设计主体，运用极其动感的圆滑曲线，创造统一、动态、和谐的设计效果。

1／规划理念分析图1
2／规划理念分析图2
3／总平面图

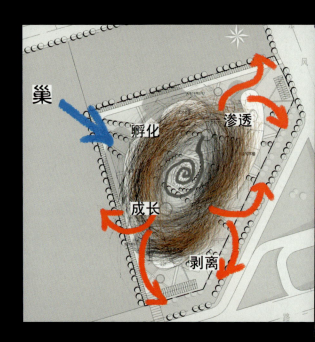

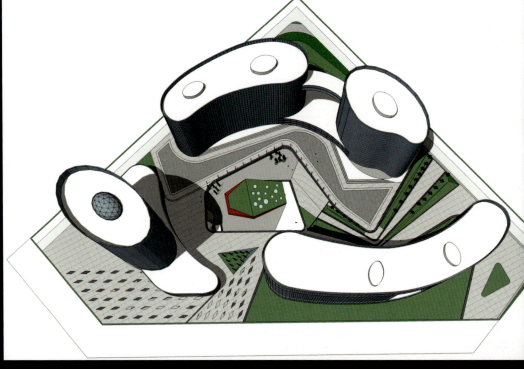

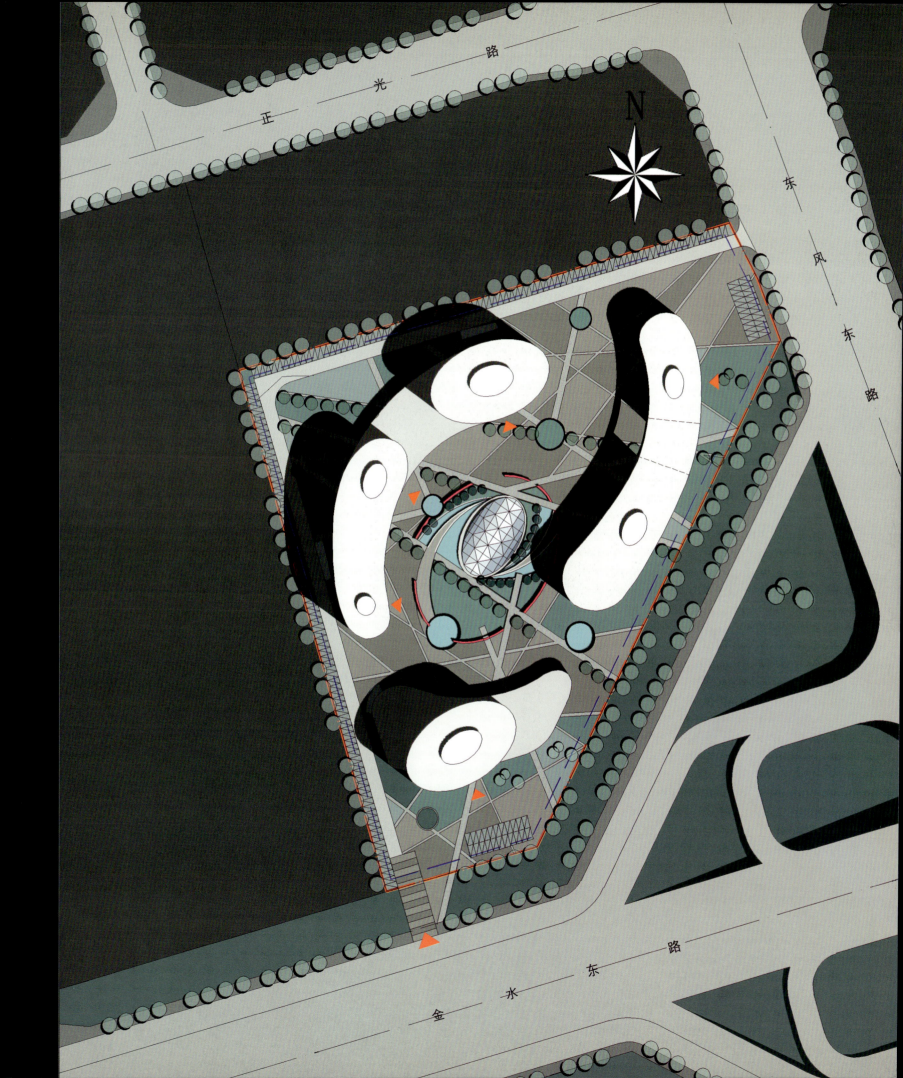

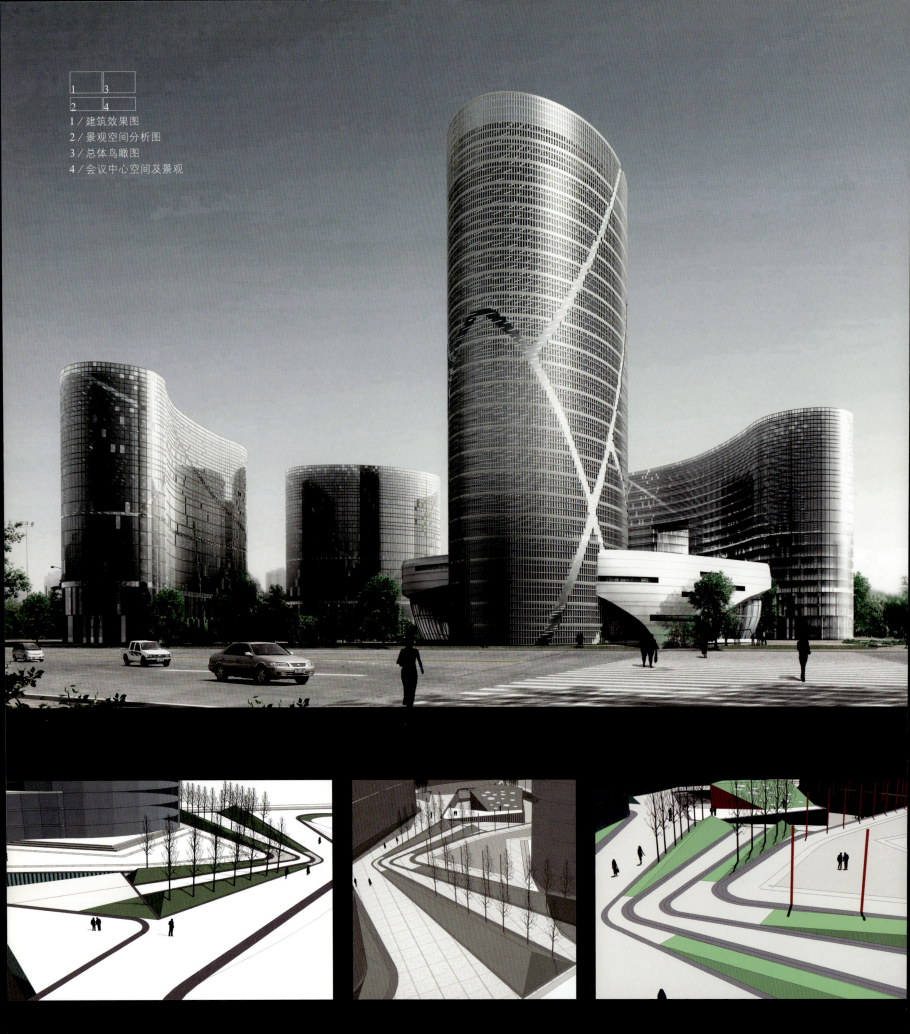

1／建筑效果图
2／景观空间分析图
3／总体鸟瞰图
4／会议中心空间及景观

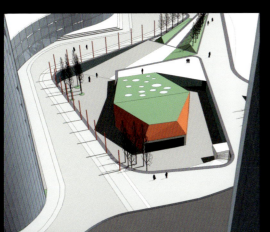

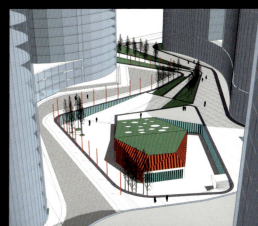

金地·国际第一城

方案一

占地面积： 6.96hm²
建筑面积： 16万m²
设计时间： 2007
项目地点： 中国·平顶山

项目概况：

金地国际第一城商业区位于平顶山新区中轴线中部，随着平顶山市新区总体框架的拉开以及新城区中轴的建设，新区面临着更多更快的发展机遇，纬一路的交通职能日益突出，同时也是联系老城区和新城区的枢纽，基地周边的交通优势和环境资源优势决定了基地所在的位置非常重要。从新城区总体功能布局来看，金地第一城商业区的建设将弥补新区缺乏大型商业和旅游商业的不足。商业区将与城市中轴线、城市生态公园及白龟山水库风景区共同构成集商业、休闲、接待、文化、旅游为一体的城市客厅，成为未来新城区城市形象的集中展示区。

1/方案一总平面图
2/方案一透视图
3/方案一鸟瞰图

规划总体概念：

　　商业中心区与步行街作为城市居民主要的生活空间及游玩的重要场所，对城市的特色构成影响极大。城市需要商业中心提升文化价值，因此，商业中心区与步行街的设计除了注重功能需要外，更像是一个文化场所的设计。本规划充分挖掘平顶山的地域文化特色，将其融入规划设计中。

　　规划充分考虑了基地现状条件，将外部界面与基地环境相结合，内部界面和空间则丰富多变，并围合成空间收放、变化丰富的商业内街，通过环境、建筑、色彩创造热烈的商业空间氛围，使商业空间形态呈现多样性并具有标志性。

设计策略：

　　一般来说，城市设计关注的是城市的三维空间，追求空间质量的提高和空间整体的和谐，但这只表明了城市设计的对象和目标，而实现此目标所采取的策略和方法更能体现城市设计的本质特征与核心价值。这种价值在于提供一种好的空间形态，并且要使其与特定的环境相协调。

通过对基地周边现有空间肌理及基地现状的分析，结合城市总体框架对本地块的定位，我们将基地南北400m的空间划分为三部分，即整个商业区被两条横向商业步行街分为三个商业区，每个商业区都有自身的特色和空间形态，三个商业区同时有一条纵向商业步行街联系起来，三个商业区各具特色又相互协调并同时能满足开发商分期建设的需求。

1.总体空间框架

结合周遍环境与总体城市设计要求，确定公共空间的整体框架，为了承接基地西侧城市生态公园，在基地西部设置三个商业区入口，即基地北部主商业入口广场、中部商业步行街入口及南部商务区商业入口。基地北部的商业入口广场与商业区中心广场紧密相连，由商业中心广场引出的一条主纵向步行商业轴线贯穿整个基地，向南延伸至南部商务区商业入口。整个商业区由两条主横向步行街、一条主纵向步行街，以及由主街向四周枝状伸出的若干次商业街和数个商业广场组成。它们共同构成完整的公共空间形态和室外交通动线。为了强化其商业空间的标识性，营造商业人流交往、汇聚、信息发布场所，在纵向轴线与北部横向主商业街的交汇处将空间放大，形成中心商业广场，广场设置高大标志塔和大屏幕广告区，既活跃了空间气氛又成为空间活力的中心，且在整体空间框架中确立了标志性建筑的空间布局与定位。此外在纵向主轴与南部横向步行街处同样设置了商业集散广场。

2.建筑形态与空间关系

在整体框架的限制下，通过拆分、合并、联合、叠合等设计手法，实现平面及空间多种形态的可能性，形成多样化的商业和活动空间（包括围合与半围合的内院、天井、屋顶花园、小型广场、格网灰空间等），同时在立面设计时充分考虑基地周边环境，建筑外围界面由于周边情况不同,而呈现不同的面貌。西侧以流线形建筑形态和退台式设计为主，将城市生态景观引入商业区，同时让商业区的人流有更多的角度和空间欣赏城市(生态公园)风景，基地东侧外部界面则退让出多个空间院落,呼应其对面的规划商业区。

对于商业建筑，不宜对其立面形象规定过细、过死，而应着眼于整体商业氛围的营造，并体现本商业街区的独特空间内涵。因此，我们对商业界面作了大体的立面尺度划分与比例的引导，并强调立面肌理和色彩控制，统一广告、标识物的设置要求，避免杂乱无章的广告标牌对整体空间氛围的破坏。

3.交通流线组织

　　交通流线的组织充分考虑了人车分流，特别强调商业街中空间气氛与宜人的空间尺度的塑造；同时，利用过街楼连接各商业区块，使人能方便地到达任意地点，以实现商业利润的最大化，而且营造了立体购物、交往与休闲娱乐的空间网络。

1／方案一商业效果图1
2／方案一商业效果图2

方案二

景观规划：

都市生态风格与极简主义手法"蓝"和"绿"是人类向往大自然的永恒色调，简洁、纯粹是时代追求的本色。

在以上分析的基础上，我们形成了金地第一城的整体景观构思。

1. 设计中用一纵两横三条绿化步行系统贯穿整个基地，形成"干"字形围合绿化景观，同时与西侧的城市生态公园和南面白龟山水库景区相结合，形成一个绿色生态屏障，提升地块品质。

2. 充分利用水资源。基地南面有城市生态湿地和白龟山水库景区，将水景引入景观设计中，并与现状水景结合，以水引导人流行进方向，在主要的空间节点上，以水做主景，以水为趣做足水的文章，以实现最佳的景观享受。

3. 以极简的设计手法，对景观空间进行合理的规划，同时挖掘平顶山地方的人文特色，从中萃取精华，作为我们的设计元素，以凸显金地第一城的个性与魅力。

商务区规划：

基地南部地块是规划中的商务区，包括商业街、酒店、商务中心和商务公寓，是基地北部两块商业区业态的延伸与补充，为白龟山水库景区旅游业态的发展提供了良好的平台和基础设施支持。商务区既有自己独立的出入口和院落空间，又与整个商业区的商业街相互联系，达到商业区规划的完整性和和谐性。

1／方案二总平面图
2／方案二鸟瞰图

1／方案二沿街透视图
2／方案二内院透视图
3／方案二内庭透视图

花园商厦

占地面积： 4.34hm²
建筑面积： 10万m²
设计时间： 2007
项目地点： 中国·郑州

现状及周边环境：

本项目基地隶属于郑州市金水区，省直机关行政区内，紧临省政府。建筑用地面积约为65.1亩，基地西临城市主干道花园路，北面与南面分别临城市次干道纬四路和纬二路，交通便利，方便快捷，基地周边有待建省直机关办公区、省直生活区、实验二中、紫荆山公园等城市级商业配套服务设施，区位优势相当显著。

设计构思理念：

规划布局整体划一，本案通过细腻的立面设计，形成强烈并且具有相当品质的商业氛围，结合现代城市文化及商业理念，塑造出全新的商业文化。

对周边的商业研究及地段资源和开发资源的科学分析之后，提出想将其建成为集高档商务办公、酒店式公寓、商业、展示空间及休闲娱乐等功能于一体的多功能、高效率、复杂而统一的"城市活力核"，树立其独一无二的商业形象，同时在商业内部塑造出一种体验式的公共空间，配合其消费群体全天候的不同需要，在有限的地段内，混合各种独具特色的购物、餐饮、休闲娱乐、数码影院、展示空间等功能，保证地段内人气、活力的持续发展。商务办公、酒店式公寓等能满足不同类型人士的需求，各种娱乐休闲功能的嵌入，给地段提供持续的"活力流"，打造真正的24小时活力城。

1／建筑效果图1
2／建筑效果图2
3／空间分析图

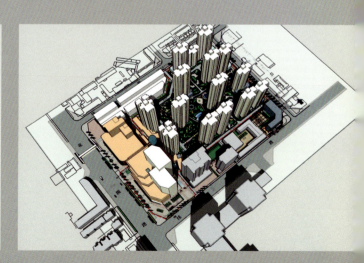

鑫苑·金融大厦

占地面积： 8410m²
建筑面积： 7.67万m²
设计时间： 2005
项目地点： 中国·郑州

项目概况：
　　本项目位于郑州市"财富大道"经三路北端与北环道交界处，属于成熟商务办公区，地理位置优越。基地南北距离53.7m，东西距离156m，北与工商行办公楼及其南侧景观广场相邻，良好的周边建筑形态与外部的空间提升了本项目的品质与形象。

项目定位：
　　财富大道唯一的生态商务综合体。

物业形象：
　　设计专业品质；生态空间；合理人车流线及完善的配套服务设施；强调物业形象统一性、独特性与标识性。

设计构思：
　　金座银座形象出入口设在与本项目中心景观相邻的东西两翼，形象入口连接两楼的各自两层高大堂，主体建筑首层、二层局部架空，中心绿地景观可融入、渗透到两楼挑空大堂。内部空间与外部空间的融合，形成高品质、有良好视觉效果的生态景观空间，并且能使金银座形成相同品质的物业形态。

　　金座主楼在适当楼层设置空中花园，调节室内空间及小气候，标准层结合空中花园合理划分户型，户型设计合理，各功能分区明确，以适应商务公寓向商务办公的过渡。

　　金座银座之间，中心景观广场南侧设置露天景观平台，景观空间相互融合渗透。在建筑物裙房屋顶做局部屋顶花园，室外中心景观一侧地上车库出口上部设计露天平台，两楼大堂两侧局部架空，做成景观花园，主楼内适当位置做生态花园。银座顶部设计屋顶花园，提供建筑物良好的视觉景观与场所，真正使本项目成为经三路唯一的生态综合体。

1／效果图1
2／效果图2

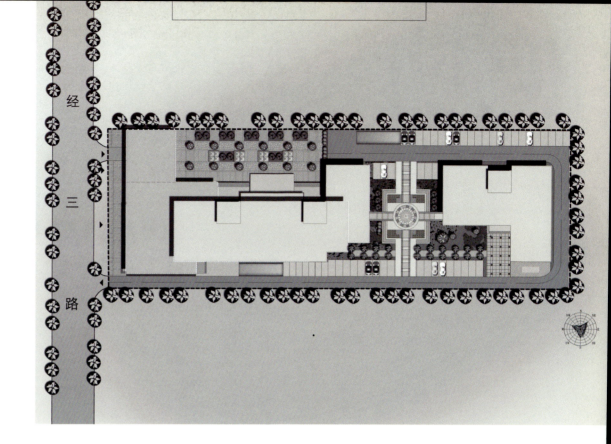

1／实景照片
2／总平面规划图
3／主入口效果图

1／效果图3
2／实景照片

鑫苑·金融广场
方案一

占地面积: 1.01hm²
建筑面积: 4.98万m²
设计时间: 2006
项目地点: 中国·郑州

设计说明:

项目是在特殊基地环境之下的高层商务公寓楼,本方案是在对基地环境分析、空间分析、日照分析及综合考虑其相关因素并经过多方案比较后所选定的双塔方案。

在城市空间中塑造双塔形象减少城市街道空间压力、更有利于增强其区域标示性。

对周边环境及道路系统的分析,双塔形象与对面板楼形体的最佳呼应。

在商务公寓功能上塔楼比板楼可以取得更多的朝向面。它是在充分尊重基地周边环境、满足日照间距、合理化健康公寓布局的前提下,充分发挥用地的最大价值,力求以全新的设计理念,在市行政区内碧沙商圈构建一座现代化的建筑群体,提升建投鑫苑企业品牌形象,同时也为城市空间做出贡献。

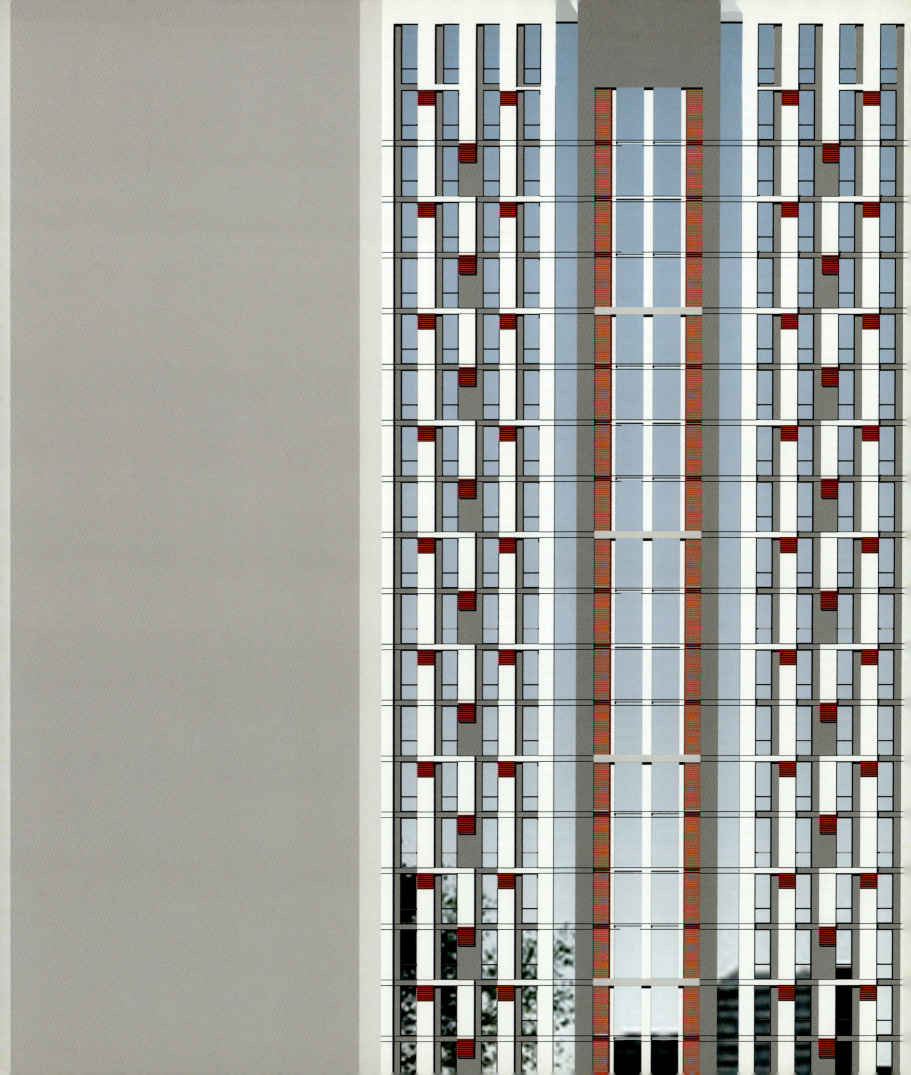

1／方案一总平面图
2／方案一效果图
3／方案一正立面图
4／方案一侧立面图

方案二

占地面积： 1.01hm²
建筑面积： 4.85万m²
设计时间： 2006
项目地点： 中国·郑州

规划构思设计：

1.积极的城市空间元素：根据建设路两侧的建筑体量关系，本方案设计在取得内部公共活动空间及周边环境效应的同时解决了其作为健康公寓的功能性问题，与周边环境及城市空间形成良好的空间关系。

2.商业价值的完全体现：考虑碧沙商圈、二七商圈以及紫荆山商圈商业价值等因素之后,形成了5层商业裙房。

根据规划要求，公寓楼东侧外墙退基地红线15m，为保证基地北侧住宅建筑的日照采光，公寓楼退基地红线16m，退现有最近住宅楼外墙26m，最远点有46.5m。退西侧基地红线最近点为11.1m，与西侧住宅楼间距最近点为17.1m。与周边其他建筑满足防火要求。根据基地形状及综合消防间距、住宅日照间距等因素后形成了五层商业上设两栋高层公寓的平面布局。本平面布局不仅满足使用功能要求，而且经济合理，充分发挥了用地的最大价值，使综合效益最大化。

1/方案二总平面图
2/方案二鸟瞰图

1	2	
3	4	5

1／方案二侧立面图
2／方案二正立面图
3／方案二建筑局部效果图1
4／方案二建筑局部效果图2
5／方案二效果图

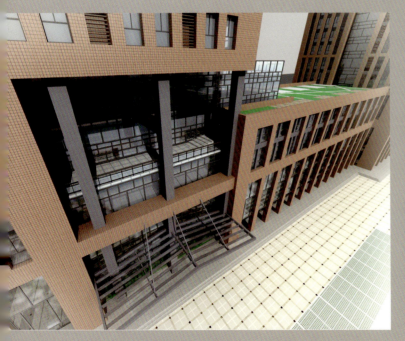

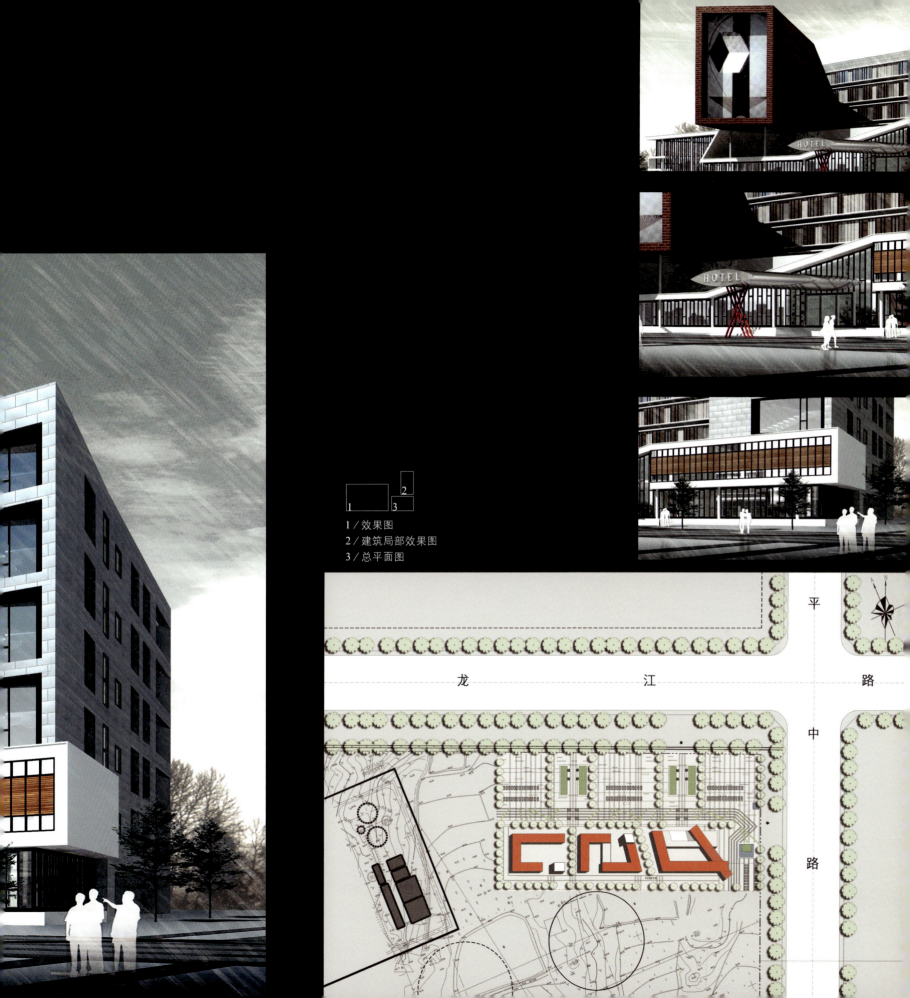

1／效果图
2／建筑局部效果图
3／总平面图

国信·BLACK公寓

占地面积：	1.06hm²
建筑面积：	6.29万m²
设计时间：	2006
项目地点：	中国·郑州

　　该方案利用面宽长、进深短的特点设置两栋板式高层与三层沿街商业相结合的方式。既发挥基地商业临街面最大的商业价值，又把公寓形象出入口设在南向相临的动物园的景观面上，实现了商业和公寓人流的分流，融入了动物园的绿地景观和生态空间。内部空间与外部空间的融合，形成高品质、有良好视觉效果的生态景观空间。标准层合理划分户型，各功能分区明确，以适应商务公寓向商务办公的过渡。

　　在建筑效果处理上，运用大胆的黑色和红色的对比，强化其视觉冲击力，彰显其独一无二的个性，真正使本项目成为区域内个性时尚的公寓类项目。

1／效果图1
2／效果图2

1／效果图3
2／效果图4

213

应天写字楼

占地面积: 1.35hm²
建筑面积: 7.46万m²
设计时间: 2007
项目地点: 中国·商丘

1 / 鸟瞰图
2 / 效果图

天明·森林国际公寓A区

占地面积:	8892.9m²
建筑面积:	6.01万m²
设计时间:	2006
项目地点:	中国·郑州

基地概况和区位分析:

本案基地位于郑州东风路上,西临中州绿荫广场,北临建业森林半岛,环境得天独厚,本区交通便利,商业休闲服务设施完善,区位优势显著。

构思立意:

规划设计充分考虑对地块优势资源的挖掘,寻求突破与创新,以延续自然景观,寻求城市空间、建筑的有机融合,以及居住区景观的和谐共生为设计原则,以"空间·景观·环境"为主题,在总体规划、建筑形象、景观规划等方面予以充分的挖掘与演绎。

1. 利用基地地形,建筑物顺应地形与南北向布局有机结合,并照顾城市道路街景效果,南楼设计为高层公寓,主体28层,局部26层。北楼为高层住宅。主体30层,局部27层。超大双层高阔阳台和共享平台充分享受周围优美景色。

2. 基地东、西两侧设出入口,西入口为步行出入口,东入口为车行主出入口。西入口设入口景观步行带,向内融入小区中心景观,中心景观广场与景观带过渡自然,丰富入口空间的同时满足居民的日常使用。小区内人车分流,主要机动车出入口与人行口既分且合,交通便利,同时避免人车过多的交叉干扰。

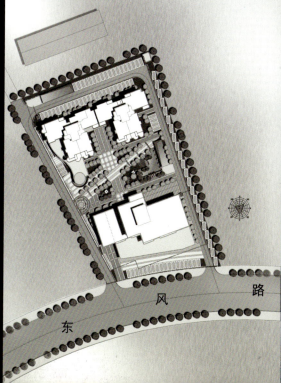

1／建筑效果图
2／建筑夜景效果图
3／建筑实景照片
4／总平面图

天明·森林国际公寓B区

占地面积： 9835m²
建筑面积： 57503.48m²
设计时间： 2006
项目地点： 中国·郑州

　　天明·森林国际公寓B区项目是在特殊的基地环境之下所做的高层规划设计项目。本方案是在对基地环境分析及综合考虑其相关因素之后，经过多方案比较所选定的最佳方案，它是在充分尊重基地周边环境、功能合理、最大化的健康住宅布局的前提下，充分发挥用地的最大价值，力求以全新的设计理念，打造出现代化的精品社区。

　　天明·森林国际公寓B区选址位于郑州市天明路、拖厂路与索凌路交汇处，基地周边人口密集，交通便利，基地面积9835.5m²，周边临近有公共绿地、大型商场、银行、幼儿园、小学、中学以及医院，生活气息浓厚。

1／建筑效果图
2／建筑夜景效果图

本方案设计根据基地不规则地形形状及综合考虑消防间距、住宅日照间距、视觉卫生间距等因素之后创造性的形成两板一点、三足鼎立的格局，在取得内部公共活动空间及周边环境效应的同时最大化地解决了其作为健康住宅的功能性问题，与周边环境及城市空间形成良好的关系。根据规划要求，板楼东西两侧外墙退基地红线12m，为保证基地北侧公寓建筑的日照、采光、通风及景观品质，点楼平面以方圆结合并与北楼保持30m的距离，将不利因素降到最低，同时与南侧基地红线间距为15m，满足规划防火要求。尽可能多地留出公共空间，保证消防通道的顺利通行，本平面布局不仅满足使用功能要求，而且经济合理，充分发挥了用地的最大价值，使综合效益最大化。

交通流线分析：
　　根据建筑主入口方向及基地所处地理位置，将该场地的人行主出入口设在基地西侧的索凌路上，机动车道设置在基地南侧连通天明路与索凌路，二至三层底部商业直接对天明路开口，形成商业步行街。三栋高层围合形成内庭院，禁止日常机动车通行，只设紧急消防通道，保证居住环境的优雅安静。

景观绿化系统：
　　整个基地的景观绿化结合基地和建筑设计，商业前步行街部分设计以绿化和硬质铺装相结合设计，形成购物活动空间。在南侧机动车出入口两侧路面，景观设计也以绿化和铺装相结合设计，并且地上停车位均以空花砖铺装，不仅与周围绿地相互辉映也为居民提供一个充满绿色的室外空间。在中心院落空间中以硬质铺装为主,点缀部分绿化，水景给居住者提供休闲活动空间。

单体造型设计：
　　在造型设计上讲究韵律，并在协调中突出自己的个性。在设计中结合其功能,用现代设计手法，将窗户、阳台等作为主要造型元素进行有规律而又有变化的有序组织，形成鲜明的个性，整个形体变化之中又有统一。在材质选取上，主体以深色（小方砖拼贴）基调为背景，赋以永恒的白色（构架及阳台板），形成鲜明的材质及色彩对比，使其在周边环境中脱颖而出。彰显标识性！

```
      ┌───┐
      │ 3 │
┌───┬──┴─┬─┴─┬───┐
│ 1 │ 2 │ 4 │ 5 │
└───┴───┴───┴───┘
```

1／建筑效果图
2／鸟瞰图
3／总平面图
4／交通分析图
5／景观分析图

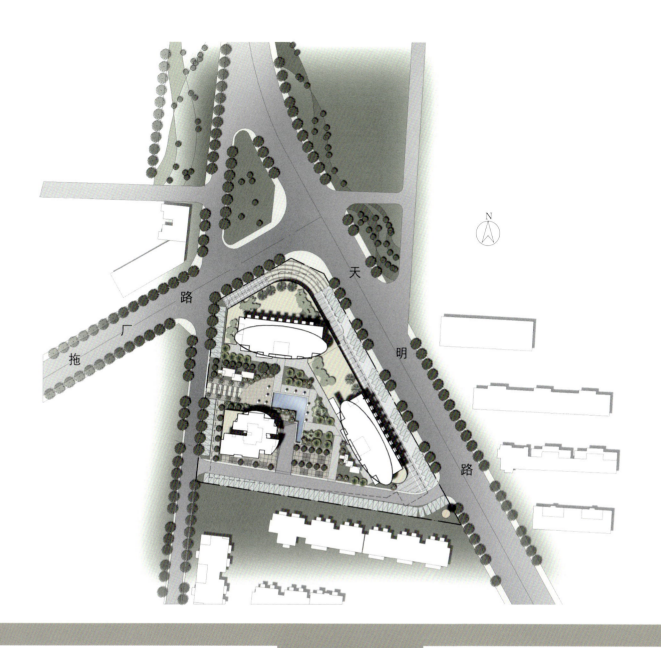
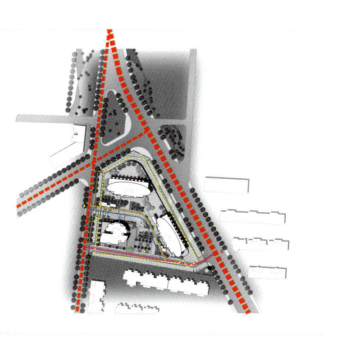
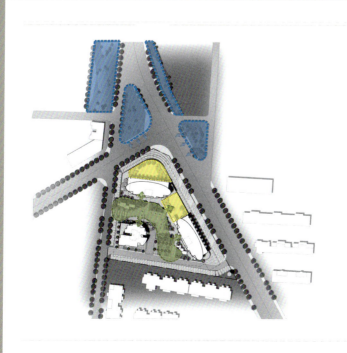

未来国际

占地面积: 1.22hm²
建筑面积: 9.44万m²
设计时间: 2003
项目地点: 中国·郑州新东区

1.思想性
黑川纪章的郑东新区CBD中心区规划设计思想；"新陈代谢城市"思想；"共生城市"思想；"市场与环境结合"思想。

2.原则性
从设置与21世纪的新型城市核心建筑相应的功能设施并形成舒适的城市环境的角度出发，通过建筑环境形成的基本设计构思，以参与形成整体规划协调的城市街区。

CBD中心区建筑的序列美，强调整体的韵律感，而非个体的标新立异，力求形成大都市的矜持、稳重的外部形象，但亦非单调的重复。强调建筑的细部，并塑造自己的环境、文化氛围。

3.实用性
通过合理的设计，有效地解决高层商住楼的相关功能。

4.弹性设计
以居住生活行为规律为原则，在户型设计中充分满足居住者的生活需要，同时根据生活多样化需求，满足居住者随意分割，自由组合，提供更多的功能空间，满足商务公寓或SOHO办公的需要。

1/实景照片
2/效果图1
3/效果图2
4/单体效果图

项目地点： 中国·郑州

基地概况：

郑州师范高等专科学校续建项目学术交流中心用地位于郑州市北区，建设用地面积11000m²（约16.50亩），基地为南北狭长用地，南临城市主干道海洋路（国基路），东临城市次干道同庆路，北侧为本校教师住宅区，西侧为七十七中学。周边交通便利，方便快捷，项目紧邻学校，学术氛围浓郁。

设计构思：

建筑立面上主体与配楼采用层层退台的处理，造型与美学品质的设计理念来自"书与知识的积累"，使每个体块都如一本本不同方向放置的书，显示出强大的视觉冲击力。

在建筑构成的细节上，通过各立面的虚实对比，各角度的切割及建筑各部分之间不同材料的对比与统一，体现了郑州师范高等专科学校学术交流中心与七十七中学之间的视觉联系。最大限度地利用环境的力量来塑造自身的美感，使该建筑成为整个街区的中心。

规划构思：

在功能分区和建筑布局上充分考虑学校的使用要求和地段的环境特点，同时为教学区留有远期发展的空间。主教学楼位于基地中间位置，其南侧为对外功能部分，直接与城市道路连接，布置接待办公、两人间公寓及多功能厅；北侧布置学生宿舍、餐厅，与住宅区相临，对外与对内、教学与生活分区明确、合理。

在交通组织上充分考虑校园内行人流量较大的特点，形成清晰的人车分流的交通体系；同时可使机动车方便地到达建筑的每一部分。

建筑语言简洁而实用，既能达到统一、和谐而富有变化的视觉效果，又可以根据不同的功能需求灵活应用，体现出现代建筑思想的基本原则。教学楼主体明确，南侧多个体块组合成层次丰富的退台，形成一定的韵律，使得建筑形体统一完整，并具有很强的可识别性。

校园空间具有十分鲜明的特点，用建筑围合出的广场和庭院，通过廊子相互连接与渗透，形成丰富的交往空间。主楼南侧广场面对城市开放，又借用西侧中学操场空间，拓宽了空间的视觉感知范围。北侧围合成半开放的庭院空间，方便学生生活，又与北侧教师住宅区形成软交接，减弱对住宅的影响。

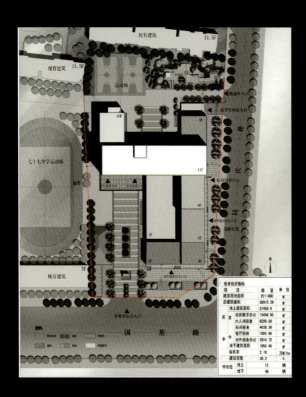

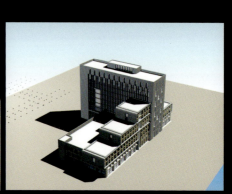

1／总平面图
2／立意构思图
3／鸟瞰图

1／东立面图
2／南立面图
3／效果图
4／一层平面图

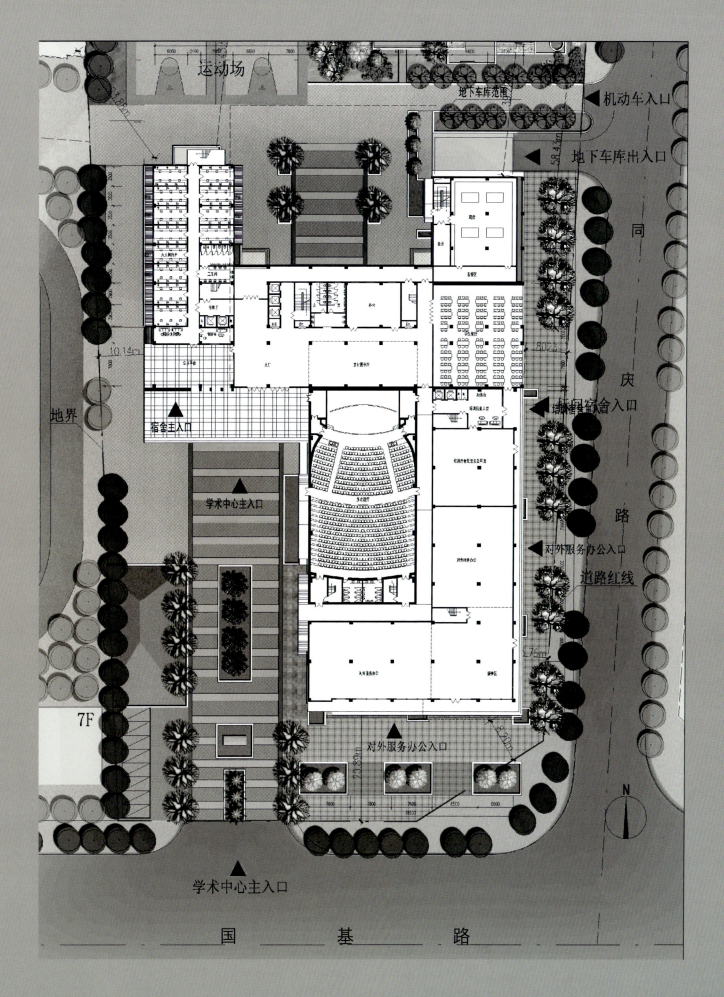

鹤壁市艺术中心

占地面积：　　28968.30m²
建筑面积：　　18201.33m²
设计时间：　　2008~2009

地理位置：

　　鹤壁市艺术中心（群众艺术馆）建设基地位于淇滨新区南部商务中心北侧，基地为梯形用地，位于湘江路西段与滨河路交叉口东南角，西侧为淇河滨河景观，北侧为遗址公园，周边交通便利，环境优美。

交通组织：

　　结合总平规划布局，在用地内围绕基地形成外环形通道，车辆从滨河大道和东侧规划道路上，均可方便进入，停车分地上停车和地下停车两部分，地上停车位多沿外环道设置，而且进行分区处理，减少交叉人流。地下车库出入口也靠近外环道布置，并尽量避免穿越中心广场；中心区域以步行系统为主，塑造宁静、宜人的中心景观氛围。建筑主要使用空间面向淇河集中式布置，北部为群艺馆活动培训区，中部为音乐厅及其后台附属设施，南侧为大剧院及其后台附属设施，三个相对独立的部分和共享大厅形成一个统一的整体，这样布局主次分明，自然合理，相互联结，合而不同，分而不隔，各有各的特色，各自均能独自开放，合在一起又能形成有艺术感、雕塑感的艺术中心。

　　建筑处于湘江路与滨江大道的交汇处，西濒淇河，连通107国道与南水北调工程，东通城市主干道兴鹤大街，北临诗苑，南连城市中心"十大建筑"，作为起点，方案在造型与空间上力求沿袭与提炼地方传统特色的同时，将新城的现代感和"艺术中心"的艺术气息相互交融。

1/区位分析图
2/基地分析图
3/新城规划图
4/地方民俗文化
5/艺术中心鸟瞰图
6/实景照片
7/艺术中心总平面图

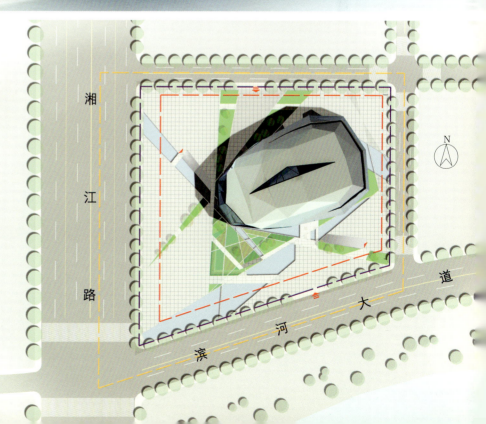

舞动的激情：

　　首先，艺术的起源和本质：两者都是发自人类自然的本能，属纯精神性的享受，具有非功利性，非物质性，超脱现实的特点，是人们抒发情感的原始手段。人类对美的执着追求引导着这一艺术形式不断发展，将之引领至更高的境界,是以另一种方式对自然的诠释。而艺术性的建筑，作为活动的载体，要力求反映这些性质，就应当具有脱俗性、象征性、寓意性和唯美主义倾向。同时应具有令人惊叹的美感，丰富的内涵，并对自然作出回应。当地民俗，文化等非物质文化遗产深刻地影响着鹤壁的子孙,庙会又使大家聚集到一起，尽情的跳跃、舞动……

　　总平面上景观设计继续延续建筑的风格，从总体考虑，根据功能上的需求，进行分区处理，绿化和景观水面遮挡不必要的噪声，受建筑用地面积的限制，内部以硬质铺地为主，丰富的铺地形式结合植被，创造出生动有趣、适宜人停留的景观环境，实现整体秩序与变化、简洁与生动的有机融合，体现建筑与环境的和谐共生关系，同时使室内外空间得以贯通，建筑和环境浑然一体。

　　在建筑设计的同时，特别关注绿色生态建筑的营造，它主要包涵景观绿化、停车绿化、室内绿化三部分。景观绿化通过大型主题绿地，各种种植、铺装、装置的相互配合，突现建筑现代、时尚的品质。停车绿化重点解决树木与停车之间的关系，实现绿化与停车的最大化。

设计初衷：

　　具有文化艺术类建筑特有的浪漫气质，凸显其独特性、可识别性；蕴含鹤壁特有的地方文化特色，成为城市标志性建筑;理性与浪漫的交织，使建筑的每一个角落都充满艺术细胞与时代感、力量与动感。根据功能要求，基地内共有5种流线，即观众车流流线、观众人流流线、演职人员流线、观众贵宾流线及舞台道具流线。观众车流与人流流线均从西侧滨河大道道路进入。演职人员流线从基地东侧规划道路进入，在建筑东侧进入后台，观众贵宾流线在建筑的东侧进入。舞台道具流线由基地东侧道路进入，各种流线简洁明了而且分区明确。

平面设计：

　　建筑本身的功能比较复杂，大小空间比较多，因此在设计中确立了尽量将功能处理得更为合理，空间使用更有效率的原则。

　　主要内部功能及位置安排如下：

　　三个功能区从共同的大厅进入，各个功能区也有自己的休息厅，建筑北侧为群艺馆，一、二层为活动室和展览厅、三层为培训室，办公部分也有单独的出入口，中间为音乐厅观众厅、休息厅、后台化妆部分，南侧由建筑体形和高度等条件决定设置剧院观众厅，休息厅以及后台化妆等附属空间。

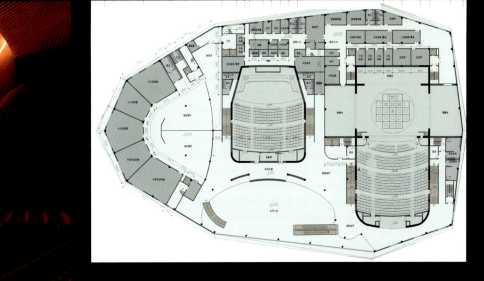
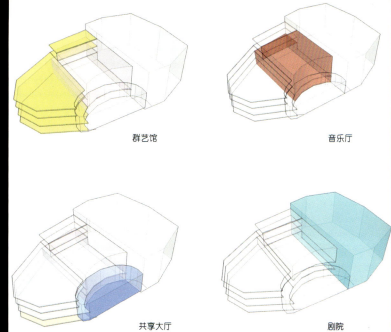

1／艺术中心剧院室内效果图2
2／艺术中心3.2米标高平面图
3／艺术中心功能分析图
4／艺术中心全景透视图

贝鲁特文化艺术中心

占地面积： 3785m²
建筑面积： 1.59万m²
设计时间： 2008
项目地点： 黎巴嫩·贝鲁特

区位：

位于贝鲁特新城和老城的交界地带。城市主要道路AVENUE GENERAL FOUAD CHEHAB和RUE AHMAD EL-JABBOURI几条交叉道路限定了基地的范围。基地的西侧临近TOWER TWO大楼，北侧面对着一个城市广场及164m高商业综合体和办公金融区，南侧是连接东西贝鲁特的AVENUE GENERAL FOUAD CHEHAB。

设计概念：

设计源于对古代伊斯兰艺术家、工匠和技师在伊斯兰传统建筑中创造的多样性方整空间中所隐藏的几何秩序的欣赏，以及对阿拉伯传统文化中诗歌创作所暗藏的规则、韵律的赞美。

从建造一套系统开始，形成了一种重复的几何图案形规律。这个规律来自伊斯兰传统建筑中的拱形结构。就像一种拼图游戏，由此形成一种独特的外表及空间形态。设计试图将文化和艺术中心以解构的网膜结构表皮呈现。光线轻柔的穿透，将整个建筑包裹。西方技术包裹东方建筑，使得这个建筑融入一种崭新的混合文化意味，以此来隐喻城市从密集到不透明状态，变化为通透与轻柔，开放与融合。

同时，建筑也传达一种更深层的涵义，即精神的重生。建筑的外表形态被赋予了一种更新的语义内涵，以消除战争带来的堕落、暴力与破坏的记忆。另外，作为城市景观的一部分，一个重要的美学标志，是城市中的一个抽象雕塑——以一种象征性的景观标志稳定了周边的自然空间。

贝鲁特艺术中心鸟瞰图

1／室外模块透视图
2／室外效果图

心,它将成为该地区文化的参照点,推动整个城市的发展。

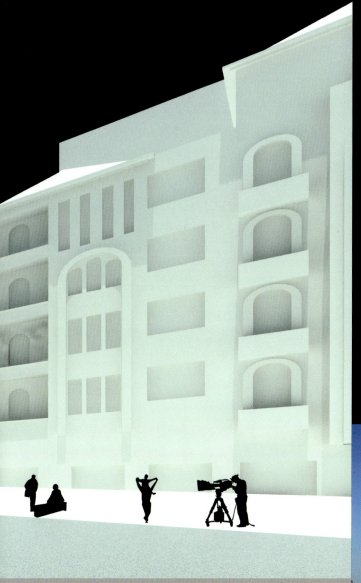

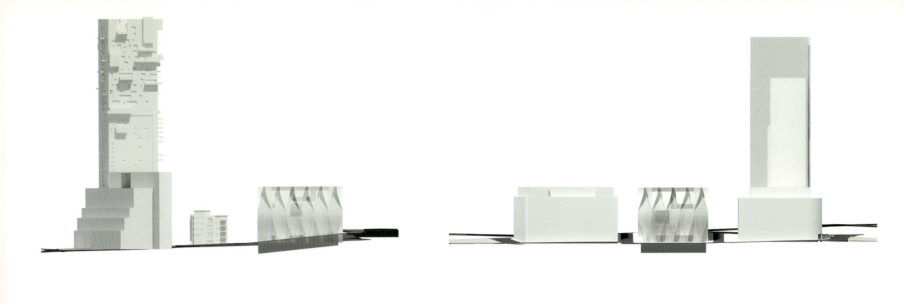

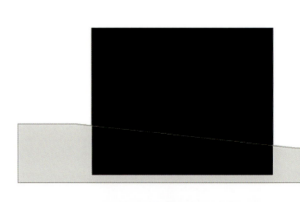

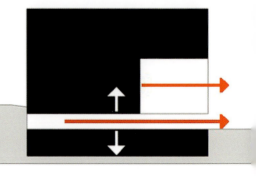

| 展览区 | 办公、文件中心、工作区和培训区 |

| 剧院 |

| 停车区、设备区 |

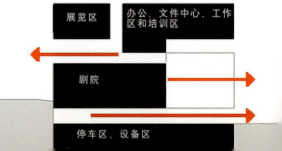

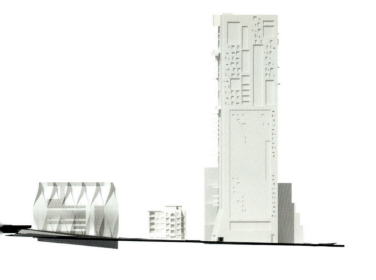

1			
2			
3	4	5	6

1／立面图
2／意向图
3／总平面图
4／意向流线分析图
5／区位分析图
6／功能体块分析图

 展览空间1170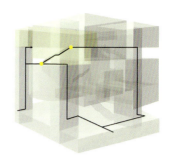

 行政451
文献中心640
工作室和训练室670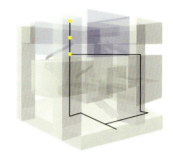

 小的多功能厅300
电影剧场200
商业咖啡180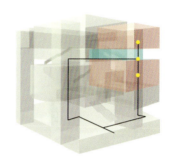

 表演及会议大厅1000
共用房间
咖啡餐厅330
接待与信息大厅435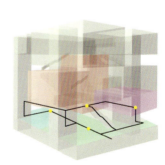

 地下车库7800
技术用房500
杂项空间305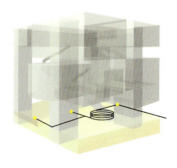

老城区

 老＋新

 传统文化束缚

都市化进程

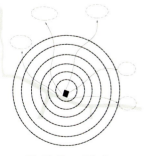 连通性　融合

237

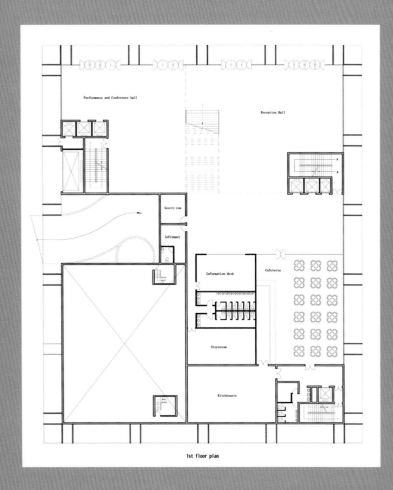
1st floor plan

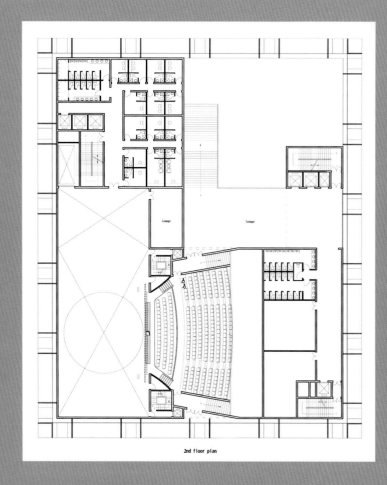
2nd floor plan

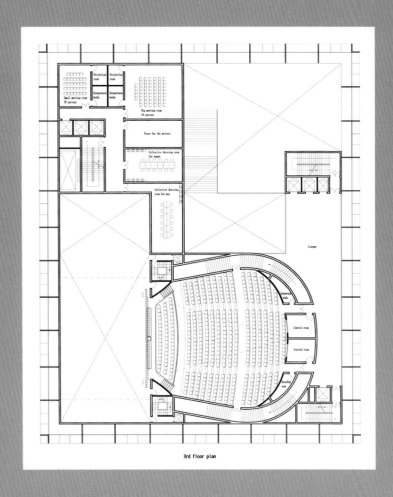
3rd floor plan

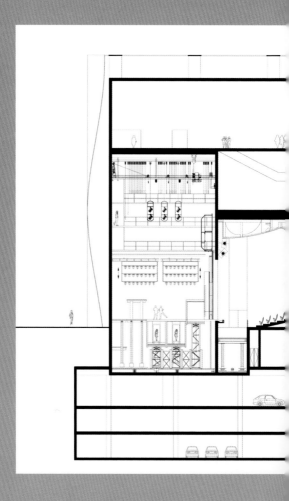

1／1层平面图
2／2层平面图
3／3层平面图
4／模块透视图
5／剖面图

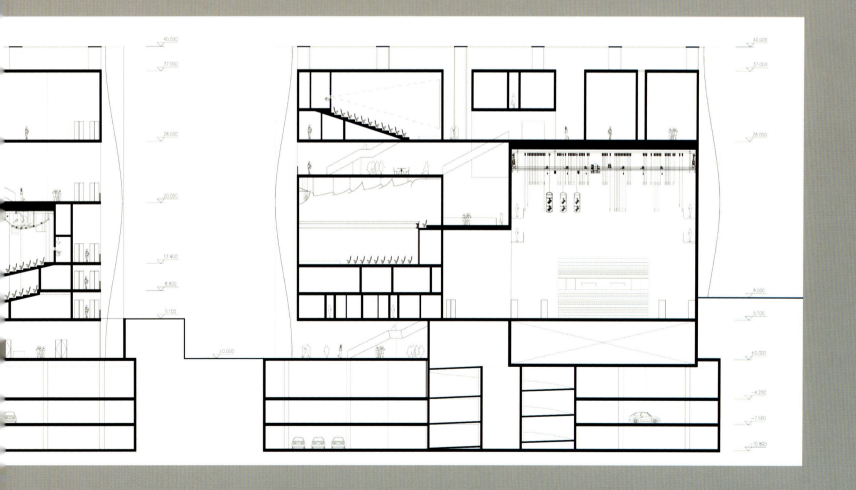

1 / 室内透视图1
2 / 室内透视图2

建筑表面与材质：

　　建筑外表面覆盖着可穿透性聚丙烯网状膜，使建筑由内而外流露出文化艺术的优雅气质。视觉效果上形成两个主题：一方面，通过不同步态元素的重复，生成连续界面及可阅读效果；另一方面，元素的垂直和连续节奏以及光影的变化使人想到古老的拱型廊——伊斯兰建筑的结构元素。建筑元素的重复和哥特式振动获得了惊人而丰富的暗示。

　　艺术和文化中心的分层效果通过透明聚丙烯网状膜材料实现。分层效果更能清晰地表现出结构的厚度，在建筑内部形成流动效果。根据建筑内外照明的系统变化，建筑传达出不同的色彩变化。分层的结构和材料的透明性可以使人更深入地觉察到空间深度。

建筑构造技术：

　　建筑采用混合结构,独立的结构核心和与之相连的、由结构核心支撑的钢筋混凝土墙面、屋顶、梁柱、桁架，以及建筑立面维护结构组成。

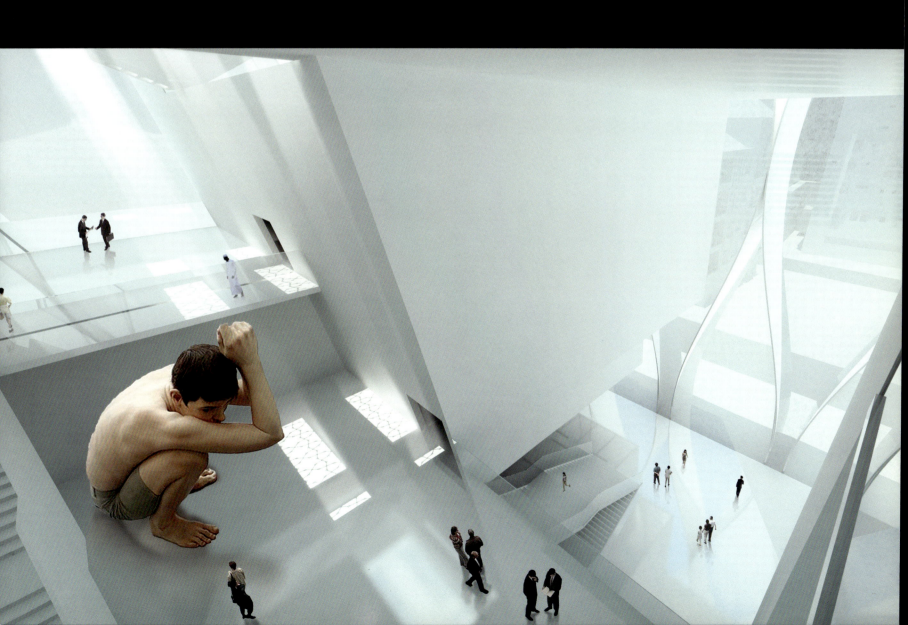

室内透视图3

功能空间的流动性：

　　建筑入口在基地的北侧，面对着城市广场，可有效地缓冲人流，底层入口以延展式将空间有效的释放，还给城市。城市广场空间得到延伸，缓解了区域空间的压迫感。外部空间和内部空间的连接，增强了空间的流动。西侧为地下车库和装卸货出入口，东侧为服务出入口。流线的合理组织，有效地避免了人流的混乱交叉。

　　各个功能空间的有机联系，视线相互贯穿，空间自由、流动。艺术家、访客、专家学者和公众将汇集在这个开放流动的空间中，去寻找新的表达方式。

景观篇
LANDSCAPE DESIGN

居易·领山国际

占地面积： 43hm²
建筑面积： 3.88万m²
设计时间： 2008
项目地点： 中国·郑州

项目概况：

本项目位于郑州市上街区南部山区，东临荥阳庙王公路，北临冯沟村，南临荥阳王乡，西临巩义米河镇。雾云山项目区域覆盖峡窝镇西林子、东林子、营坡顶、杨家沟、老寨河五个行政村，距上街10余公里，最高处海拔588m。西、南部承接丘陵山地，地势起伏不平，地势由东向西，由北向南逐渐增高，区域内由于长期的山洪及雨水冲刷，冲沟纵横，地面大部分被切割成条块段。属典型的丘陵地貌。

1／区位图
2／产业结构分析
3／总平面图
4／驳岸设计示意图

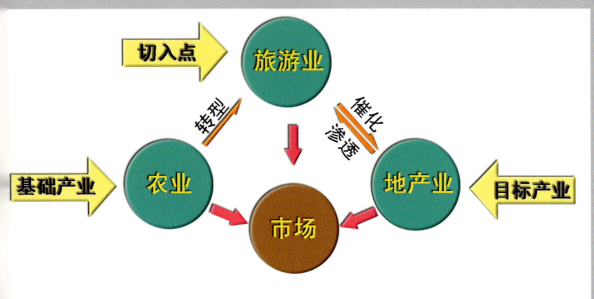

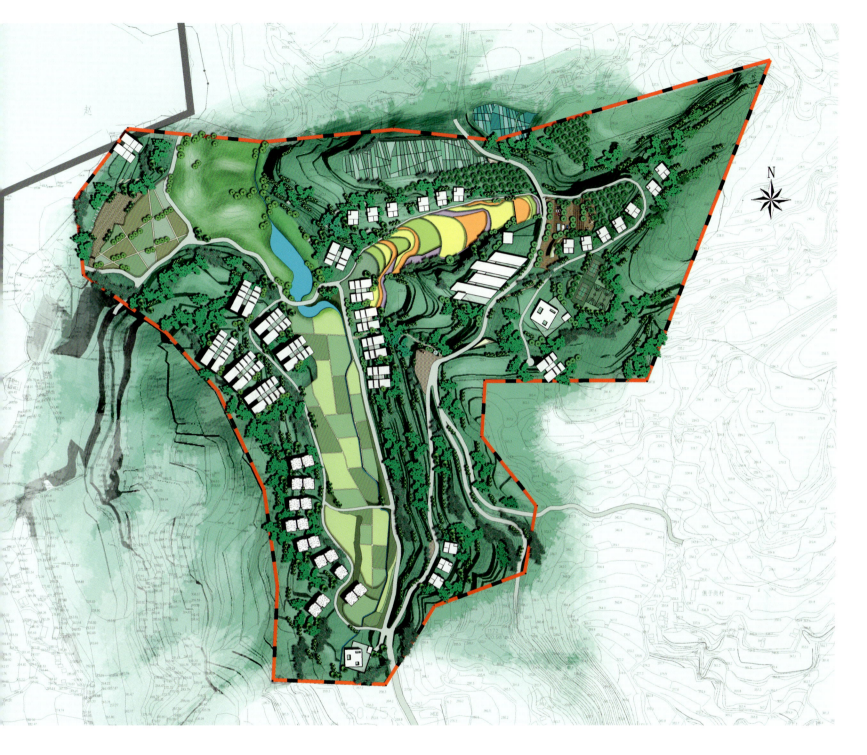

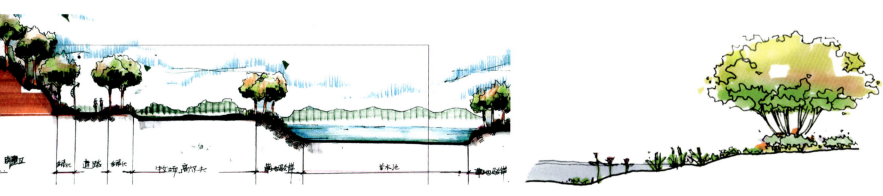

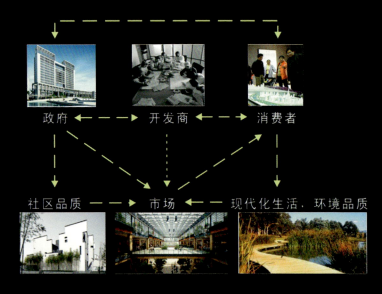

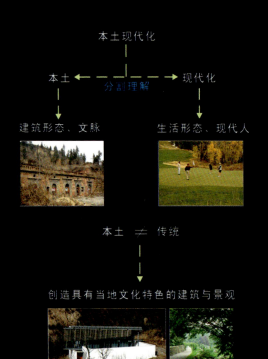

设计原则与理念：

场地解读是设计的前提与一切理念得以产生的最初土壤与诱发物。理念则是设计具有人文意识和创造场地秩序的基本保证。

设计原则：

充分利用现状地形地貌，强调规划布局的完整统一.突出顺应自然、尊重自然的规划原则,以文化性为主导,配套开发休闲娱乐设施,提升人气,打造活力,扩大影响，为远期发展铺路。

1.启动区的昭示性； 2.切实可行的实施性；

3.长期发展的战略性；4.地域特色的文化性；

5.引人入胜的独特性；6.品质素养的象征性；

7.放松身心的娱乐性；8.探索发现的趣味性；

9.留连忘返的体验性； 10．亲近大地、回归自然的原始性。

设计理念：

融和建筑人文景观，提升精神层面素质。在开发旅游资源的现阶段，鉴于现代生活的快速度与节奏的加快，越来越多的都市人群向往"农夫、山泉、有点田"的生活状态，但现实生活中却是整个社会的进步，我们离男耕女织的生活越来越远，而那种打谷场、驴拉磨等的生活场景只有在电影电视中才能看到，更莫论后生代的孩子们，他们对于农活、农具、农作物、果树、一些常见的鸟类、昆虫、牲畜等的概念也仅限于书本。

总结以上现状，借鉴外国优秀经验，提出了"活博物馆"的概念。

基地内生态环境良好，农田生物物种丰富，分布了大量的动、植物种类，麻雀、喜鹊、斑鸠、锦鸡等野禽。在基地建立小型的农具博物馆;在田间地头设置导读牌，收录像法布尔《昆虫记》类的书籍内容，可以吸引大批有见地的父母带领孩子，在欣赏四时之景的同时，参与四时的劳作，见证一只动物、一棵植物的生命发生过程，与小动物做最直观的交流。有效引导重复性学习型休闲旅游。

空间结构组织：

　　按照基地情况及功能组合，将整个基地分为三大块：以会所、酒店、温泉疗养为主的公共服务区域；以包含运动场地、拓展基地为主要活动项目的动态区域；以高尔夫、葡萄庄园、农具展馆、活博物馆、农事体验、房产居住区为主的半静态区域。

　　在粗分了三大板块的基础上，又较为详细的划分为：服务管理区、自然保护区、运动活动区、农业观光区、居住生活区和游憩休闲区，形成了主次分明的空间分布。

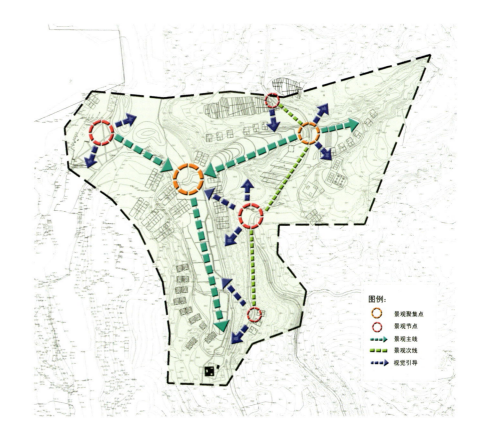

交通组织：

　　基地地貌复杂，竖向变化起伏较大。在考察了基地，并对地形图作分析研究之后，主张在原有政府修缮的主干道基础上，对其作拓宽整修处理，增加或修葺原有小路，形成游览道路。田间地头，阡陌纵横，密林幽径，所以没有增加过多的人行道路，因为这样反而能让人增添更多游行的悠然乐趣。

1／市场结构分析
2／设计风格定位分析图
3／空间结构分析图
4／交通组织分析图

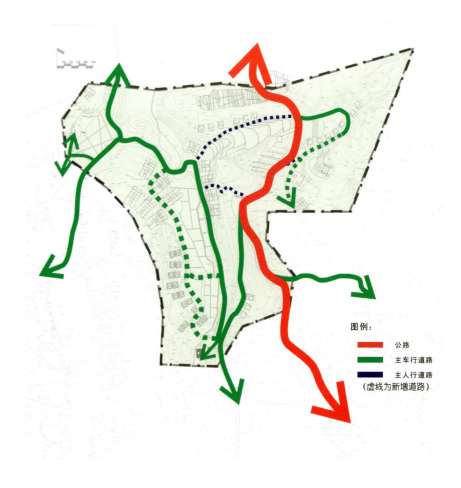

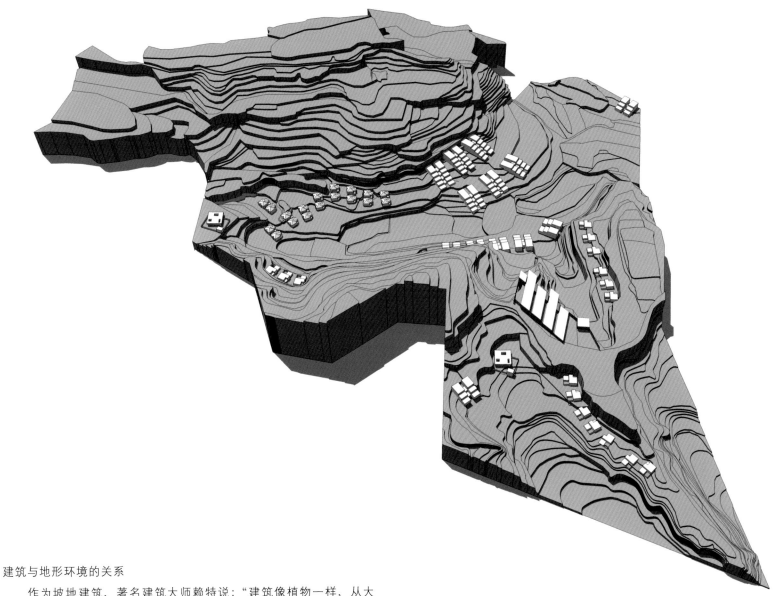

建筑与地形环境的关系

作为坡地建筑，著名建筑大师赖特说："建筑像植物一样，从大地中生长出来，向着太阳。"尊重地貌原生态要素，通过利用地形前后和左右的自然落差，起伏错落，依地而建层次有别、错落有致的建筑，使建筑更生动、更立体。在这样的建筑理念下，基本上以原有的坡地地形营造建筑景观，减少对环境的冲击，充分抵消别墅户与户之间的对视和干扰。同时，在景观规划中也尽可能地将自然原生植物和建筑景观融为一体，最终形成建筑与自然的和谐统一。

为了保持原有坡地形态，尽量减少土方量，使原生地势和原生植被被保护，使得建筑如同从坡地中生长出来的，与环境很好地共融，减少了人工堆砌的生硬感，柔和地处理了自然地景与人造建筑间的分际。同时，不仅充分利用地形本身的高低起伏，更在规划中设计了建筑体的前后错落，形成宽大的室外平台，建筑的装饰则以最简洁的元素，白色外墙涂料和乡土石材，使每个住户的体验更趋近于自然生活和宁静的乡村式家居生活的感觉。

1 / 现状分析图
2 / 设计构思草图
3 / 建筑形态示意图
4 / 总体空间模块

阳光·雁鸣湖三号庄园

占地面积： 约105.56hm²
设计时间： 2008
项目地点： 中国·郑州中牟

  本项目位于省会郑州和古都开封之间，西距郑州约30km，东到开封约25km，北面约9km为滔滔黄河，南至连霍高速、郑开大道分别约5km、11km，距新郑国际机场约40分钟车程。整个区域交通便利，自然环境良好，生态资源丰富。

  本项目紧邻现2A级雁鸣湖风景区西侧，处于规划4A级雁鸣湖风景区范围内。

  基地东西方向长约2000m，南北方向宽约1000m，边界呈不规则自然曲折形；规划总用地面积105.56hm²（约合1583.40亩），一条南北向70m宽规划道路从地块中央将整个用地分成A、B两大块，A地块总面积57.05hm²（约合855.75亩），其中已征到27.73hm²（约合415.95亩），未征到29.32hm²（约合439.80亩），B地块总面积48.51hm²（约合727.65亩），其中会所、游泳馆两栋建筑正在建设中。

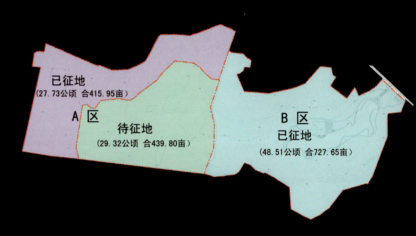

1／区位图
2／基地用地分析图
3／现状照片
4／现状植被分析图
5／现状地形分析图

方案一

设计出发点：
A.对原有地形和林地的尊重和利用；
B.考虑到A区已征用地和未征用地的分期建设的完美结合；
C.保证公共休闲场所功能的完整性和私人别墅的私密性；
D.创造一个和自然完美结合的理想度假休闲场地。

立意构思：

　　带领人们抵达心灵深处的世外桃源。1600年前诗人陶渊明为我们描绘出理想中的世外美景，千百年来，我们不断追求，希望能找到那片圣地，来带领我们远离尘嚣，享受那份宁静、安详……

　　良田百亩、碧水蓝天、十里翠槐、蒲苇连天，加以丘林自然形成的围与透、收与放的空间形式，三号庄园向我们展示了其得天独厚的优势。

　　于是我们重读《桃花源记》，仔细领悟那些场景，提取其空间意象，提炼出"山、水、田、林"作为我们的主题，只为创造现代的世外桃源……

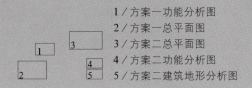

1／方案一功能分析图
2／方案一总平面图
3／方案二总平面图
4／方案二功能分析图
5／方案二建筑地形分析图

方案二

规划设计思想:

1. 融合湿地、花园、树林、世外桃源等理念,在此基础上开展休闲马术运动。追求一种休闲度假的地域文化与自然生态相得益彰的现代规划理念。重视规划的生态性,体现"人与自然相互和谐"之处。

2. 景观设计上讲求师法自然,以生态、简约、人性化为主导。

3. "天人合一"是整个方案的主题思想,给人提供相对私密和宁静的空间。

景观空间格局:

以水体景观作为规划的主轴线,贯穿整个区域。水体发散成为A地块的主要景观特点。在A地块的中心,围绕湖面进行了别墅区公共景观布置。另外在每栋别墅周围结合环境进行单独的景观布置。在B地块,景观主轴线连通主入口和次入口,主要景观节点在主轴线两侧进行合理布置。由于人工湖是整个地块的景观核心,同时主体建筑会所位于人工湖边,因此对人工湖周围景观进行了重点规划。对于马术俱乐部区域,由于其地形比较特殊,同时要求具备较隐蔽的空间,所以对其进行单独景观规划,形成本区域的特有景观。

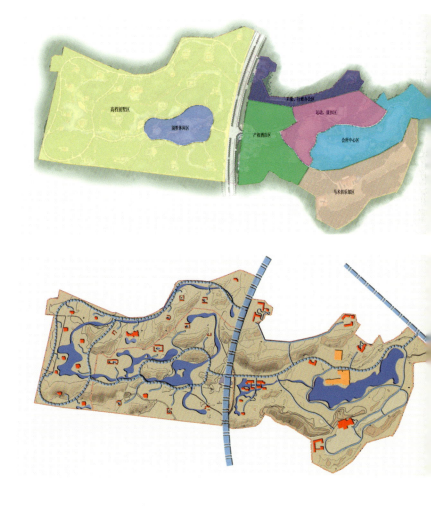

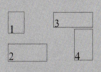

1／马术俱乐部方案一模块图
2／马术俱乐部方案一效果图
3／马术俱乐部方案二效果图
4／马术俱乐部方案二模块图

天明·雁栖湖畔

占地面积: 7.05hm²
建筑面积: 5093.18m²
设计时间: 2006
项目地点: 中国·郑州中牟

规划构思：

　　雁鸣湖·天明第一乐章规划以生态景观为主线。基地生态环境对这一地域生态环境的改善起着极其重要的作用。现状植被结构体系完善，形成了良好的生态条件。将地域乡土文化、休闲娱乐的概念纳入到景观规划的构思里面。充分把自然生态景观与人文景观有机结合，体现"天人合一"的意境，使自然景观与人文景观形成有机的整体。同时与餐饮和休闲娱乐在功能上相互补充，和谐发展。

　　发挥基地的良好生态环境优势。为人提供富有特色的回归自然，享受自然的休闲娱乐设施。景观环境强调自然，以生态景观为主，用自然或仿自然的材质，突出亲近自然的特色。最大限度地保护原生态的同时，以现代手法来诠释人与自然和谐共处。

　　用现代生态理念来形成一个自然的"野"的基底，然后在此基底上，设计出体现人文乡土文化和现代文化的氛围。基底是大量的、粗野的，它因为自然过程而存在，并提供自然的服务，而现代文化设计是少量的、精致的，它因为人的体验和对生态环境的接受而存在。

水、建筑与人：

　　水是柔美的、清澈的，建筑是刚劲的、坚实的；

　　水是可动可静的景观，有一种灵动的美；建筑是深沉的、凝固的美。

　　水本身是诗意的，建筑是人类一种诗意的栖居；

　　水与建筑有着谱写不完的乐章。

绿色、自然与人：

　　天明·第一乐章是一个能够让心情放飞的地方，是一个能够让人有一种返璞归真的人生态度和愉悦的生命体验的地方。

　　天宇洁净，夕阳多情，飞鸟自由自在，相亲相爱；人们在温暖的阳光下，体会这水的洁净与清澈，远处的树木倒影亦真亦幻，似实还虚，上下天光，恍惚不定；平静之处，水天相接，风吹水皱，一首低沉而高雅的音乐 。

　　清新，旷朗，深邃，幽雅的环境，令人心意驰荡，惬意中又留连忘返。林荫中有着我们永恒的情感记忆，众聚起航里能够体会到久违的田园风情，清盘击翠让人感受到自然的深邃与幽雅。真是"此中有真意，欲辨已忘言。"

　　在这里生命的真谛无可言喻，因为无论怎样的语言都显得过于苍白。

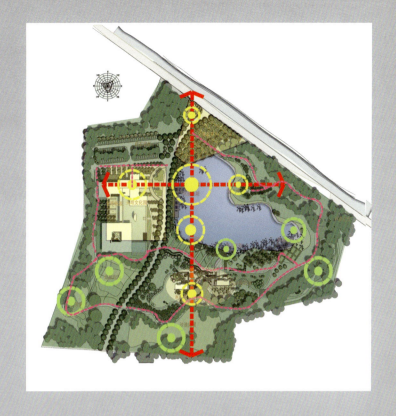

1／总平面
2／现状照片
3／景观分析
4／景观示意

259

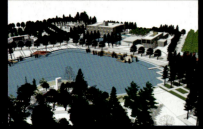 
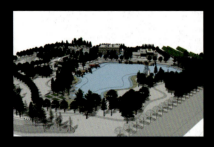 

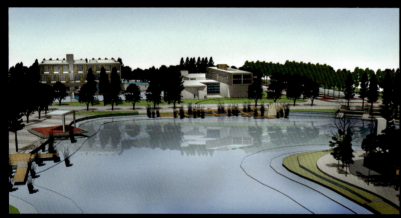

情趣：

　　以生态型游览休闲娱乐为主要内容，景观建筑艺术为点缀。强调原生态的同时，也为人提供丰富又具特色的回归自然、享受自然的各种项目。注意人与自然生态环境的融合，在营造优美生态环境的前提下，来打造天明·第一乐章的乡土文化品位。

　　天明·第一乐章强调人的参与性，现代景观的含义不仅仅是一种美，一种意境，还要人参与进去，亲自感知，这样的景观才是一个实用的、好的景观。让人在体会美景的同时，尽量多些趣味性。

　　沙地拓展：是团体活动的好去处，能够根据自己的定位自由组织活动和游戏，有目的地锻炼团队精神和意志，也会给参与者留下一些难忘的经历。

　　众聚起航：有着都市人们久违了的田园风情，种上一些果树和蔬菜，动手体验播种、收获的快乐。

　　冠云落影：站在栈桥上隔水而望的生态岛，加之水边的仿生木桩，芦苇及延伸到水里的原生木桩，让人联想起人生，过去时光的不可及，并将中国道家文化的"无为"思想渗透其中，能够让人静心思考，沉淀自己的人生经历。

　　林荫记忆：将记忆的精神层面物质化，用一些青石板不规则的摆放和原生石块散落于草丛，寓意"那些记忆的琐屑"。为了营造林荫效果，可将其定义为一种非常有纪念意义的植树活动，比如生日、恋人、故交，都可植上一株有意义的"常青树"，随着岁月的流逝，"树老根弥壮，阳骄叶更荫"来寓意"永恒"的主题。

1／中心湖畔景观效果
2／鸟瞰图

1／别墅模型效果
2／会所效果图

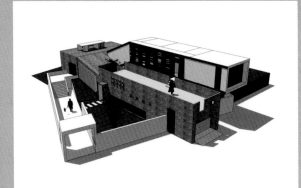
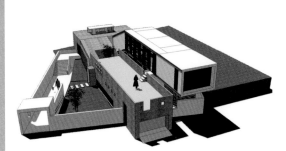
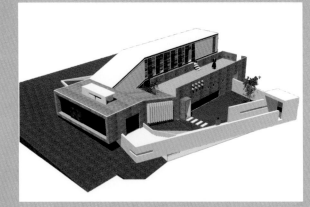
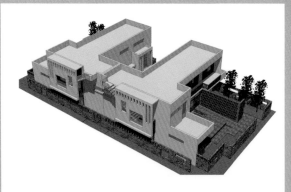
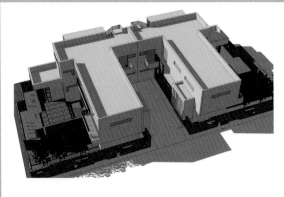

会所是现代文化的体现、是文学培训的学习基地和天明博物馆展示企业文化的地方。小品是与整体的原生态的感觉结合起来的，没有精雕细琢，粗糙质地、原生材料与自然很好的结合，照应了主题。

天明雁栖湖畔
会所俯视效
果图
丙戌年秋

附录
Appendix

序号	项目名称	用地面积	建筑面积	设计时间	项目地点	所获奖项
A-01	滏阳河景观规划	361hm²		2004年	中国 邯郸	全国投标中标
B-01	逸品香山	8.08hm²	23.81万m²	2008年	中国 郑州	全国投标中标
B-02	九郡·弘	11.55hm²	4.22万m²	2004年	中国 郑州	2007年度河南省建设优秀勘察设计二等奖
B-03	龙湖花园	13.40hm²	13.50万m²	2006年	中国 郑州	全国投标中标
B-04	伟业·世纪新城	8.98hm²	11.94万m²	2003年	中国 郑州	2007年度河南省建设优秀勘察设计一等奖
B-05	正商·金色港湾	15.95hm²	24.59万m²	2002年	中国 郑州	2007年度河南省建设优秀勘察设计一等奖
B-09	亚新·美好时光	10.12hm²	18.99万m²	2004年	中国 郑州	2007年度河南省建设优秀勘察设计一等奖
B-17	住宅设计竞赛			2006年	中国 河南	
	放飞生活					中国创新90·中小套型住宅竞赛全国赛区鼓励奖
	花样年华之魔方空间					中国创新90·中小套型住宅竞赛河南赛区第一名
	年轮					中国创新90·中小套型住宅竞赛河南赛区第三名
	脸谱					中国创新90·中小套型住宅竞赛河南赛区第四名
C-01	红旗渠博物馆	30hm²	10120m²	2008年	中国 安阳	全国投标中标
C-03	SUNRISE文化交流中心	2800m²	1600m²	2007年	中国 开封	第四届威海国际建筑设计竞赛优秀奖
C-04	国信·长安俱乐部	4000m²	9881m²	2007年	中国 郑州	全国投标中标
C-18	未来国际	1.22hm²	9.44万m²	2003年	中国郑州新东区	全国投标中标
C-19	郑州师专学术交流中心	1.10hm²	3万m²	2008年	中国 郑州	全国投标中标
编外	英协广场	1.70hm²	9.32万m²	2005年	中国 郑州	全国投标中标

图书在版编目(CIP)数据

河南徐辉建筑工程设计事务所作品集/徐辉著.—北京：
中国建筑工业出版社，2009
ISBN 978-7-112-10915-9

Ⅰ.河… Ⅱ.徐… Ⅲ.建筑设计-作品集-河南省-现代 Ⅳ.TU206

中国版本图书馆CIP数据核字（2009）第055303号

参编人员：马　磊　徐锐红　史　岩　金　柱
　　　　　韩贞江　王红根　李　贞　张丽尼
责任编辑：张　建
责任校对：梁珊珊　关　健

河南徐辉建筑工程设计事务所作品集

*

中国建筑工业出版社出版、发行（北京西郊百万庄）
各地新华书店、建筑书店经销
恒美印务（广州）有限公司制版印刷

*

开本：889×1194毫米 1/12 印张：22^1/3 字数：670千字
2009年7月第一版　2009年7月第一次印刷
印数：1—2000册　定价：278.00元
ISBN 978-7-112-10915-9
　　（18162）

版权所有　翻印必究
如有印装质量问题，可寄本社退换
（邮政编码 100037）